Spring Edition
2022 vol.56

CONTENTS

封面攝影 回里純子
藝術指導 みうらしゅう子

春天，享受輕快的手作之樂！

作品・INDEX

No.40
P.31・支架口金波奇包
作品｜P.94

No.38
P.25・皮革×帆布拉鍊波奇包
作品｜P.96

No.35
P.21・附側身拉鍊波奇包
作品｜P.92

No.33
P.20・雙拉鍊波奇包
作品｜P.90

No.30
P.19・筆袋
作品｜P.92

No.29
P.19・單拉鍊波奇包
作品｜P.90

No.45
P.33・圓弧化妝包M・S
作品｜P.99

No.44
P.33・方形化妝包
作品｜P.101

No.43
P.32・三角提把口金波奇包
作品｜P.97

No.42
P.32・圓提把口金波奇包
作品｜P.97

No.41
P.31・全開式波奇包M・S
作品｜P.98

ZAKKA

No.25
P.14・摺疊陽傘＆傘袋
作品｜P.82

No.23
P.13・天鵝針插
作品｜P.78

No.16
P.10・六角形針插M・S
作品｜P.74

No.12
P.09・藍天白雲餐墊
作品｜P.113

No.11
P.08・花朵髮圈
作品｜P.74

No.05
P.07・隔熱墊
作品｜P.71

No.56・57
P.48・康乃馨（原色・紅色）
作品｜P.48

No.55
P.45・手帕〜櫻桃
作品｜P.46

No.51
P.39・抱枕套
作品｜P.94

No.48
P.39・布箱
作品｜P.104

No.26
P.14・遮陽直傘
作品｜P.84

APRON&TOPS

No.64
P.60・領巾套頭衫
作品｜P.113

No.47
P.38・工作圍裙
作品｜P.102

No.65
P.60・蝴蝶結髮圈
作品｜P.109

No.62
P.59・鯉魚旗M
作品｜P.110

No.58・59・60
P.51・麻葉手鞠
（紅色・藍色・黃色）
作品｜P.52

色彩・圖案搭配技巧

享受春天色彩的零碼布創作

No.01至06 創作者

新的季節，就用春天風格的色彩搭配來作喜愛的小物吧！

攝影＝回里純子　造型＝西森　萌妝髮＝櫻井優子　模特兒＝島野ソラ

福田とし子
@beadsx2

No.02 ITEM｜三層口袋波奇包
作法｜P.69

乍看是簡單的基本款平底拉鍊波奇包。但是一打開拉鍊，內裡意外有三個口袋。推薦用來分類零散物品。

No.01 ITEM｜伸縮波奇包
作法｜P.68

造型宛如馬戲團小屋的波奇包，屋頂部分可上下調整。取放筆和＆工具類都很方便。

No.04 ITEM｜圓波奇包
作法｜P.70

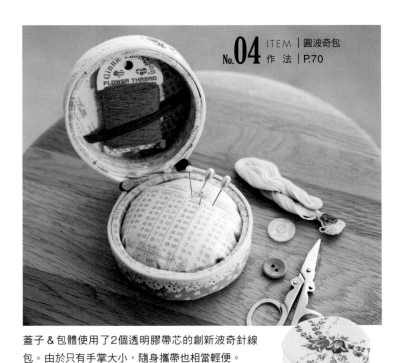

蓋子＆包體使用了2個透明膠帶芯的創新波奇針線包。由於只有手掌大小，隨身攜帶也相當輕便。

No.03 ITEM｜工具包
作法｜P.85

拉開拉鍊，袋口就會大大展開的收納袋。適合放置書寫用品或手藝工具等，時常頻繁取放的物品。

No.06 ITEM｜便當袋（插釦・緞帶）
作 法｜P.72

使用防水布的紙袋型收納袋。可依內容物大小固定綁帶的設計，使用時相當彈性。10cm側身的穩定性也很令人滿意。

No.05 ITEM｜隔熱墊
作 法｜P.71

組合喜愛的零碼布，縫製成茶杯形隔熱墊。以不同配色製作也很好看。

COTTON FRIEND流 色彩・圖案搭配技巧1

「布料搭配」等同「戲劇的選角」

選擇布料雖然很有趣，卻也是容易令人煩惱的問題點。其實「布料的選擇」和「戲劇的選角」相同，受歡迎的戲劇作品往往選角也非常優秀對吧？先建立「打造出賣座作品的選角規則＝布料搭配規則」的意識，你的小物作品就能立刻提升品味。

重點1 將手上的布料分成
＜主角＞和＜配角＞級別

主角級	配角級
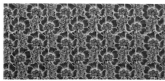	

主角級

・圖案具有衝擊性
・個人偏好＆「想要推薦！」的圖案

配角級

・素色　　　　・直條紋
・格紋　　　　・圖點
・近似素色的小圖案

重點2 使用於主要部分的是
＜主角級＞布料

「主要部分」是指

・位於作品正面或中心的部分
・紙型中佔最大面積的部分
・紙型中作為表本體的部分

例如…

No.13 束口包

這裡！
（紙型中佔最大面積的表本體）是主要部分

No.16 六角形針插

這裡！
（位於中心的本體A）是主要部分

No.06 便當袋（緞帶）

這裡！
（位於正面的表本體）是主要部分

本橋よしえ
@yoshiemontan

No.08 ITEM｜飯糰包
作 法｜P.73

能以魔鬼氈開關的手提飯糰包。可放入2個較大的飯糰，尺寸方便好用。

No.07 ITEM｜悶燒罐手提袋
作 法｜P.73

可剛好收納底部直徑約8cm左右的500ml悶燒罐。由於夾入鋪棉，成品兼有蓬鬆感＆穩定性。

No.09 ITEM｜餐具收納袋
作 法｜P.83

在這個時代，自備筷子、餐具漸漸變得習以為常。由於作法簡單，以不同顏色＆圖案為全家人特製各人專用袋應該很不錯吧！

No.11 ITEM｜花朵髮圈
作 法｜P.74

如蓮花般帶有可愛感的髮圈。使用5×5cm左右的零碼布，製作成縮緬細工的大小。

No.10 ITEM｜眼鏡收納包
作 法｜P.72

有著可愛細荷葉邊的眼鏡收納包。由於是夾入鋪棉縫製，因此能安心放入眼鏡。

No.**13·14**　ITEM｜束口包（No.13）・沙包束口袋（No.14）
作 法｜P.75

圓滾滾的可愛布包＆波奇包，總是令人想多作幾個不同尺寸！由於側身寬闊，收納相當優秀。

No.**12**　ITEM｜藍天白雲餐墊
作 法｜P.113

想在天氣晴朗的日子裡使用的雲朵形隔熱墊。將弧邊縫分的牙口確實剪到縫線邊緣，就能作出漂亮的雲朵形狀。

COTTON FRIEND流　色彩・圖案搭配技巧2

＜主角＞的成敗在於＜配角＞

參見P.7，決定作品使用的＜主角＞布料之後，接下來要進入＜配角＞布料的選擇。

重點3　分析＜主角＞的圖案（個性）

☐ 最顯眼的是什麼顏色？
☐ 基底使用什麼顏色？
☐ 你想要突顯哪個顏色？

確認布邊！

使用於印花的顏色會以色票形式標於布邊（但也有未標示的情形）。色彩豐富的布料參考這個色票，即可分辨出紅色是靠近橘紅的紅色，還是偏藍色的紅色。

重點4　配合＜主角＞調性選擇＜配角＞

＜配角＞的作用完全是在襯托＜主角＞。雖說如此，＜主角＞的成敗也與＜配角＞息息相關。首先，來選擇與＜主角＞布料相同調性的＜配角＞布料吧！

例如…

主角　配角

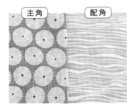
主角　配角

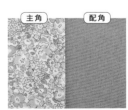
主角　配角

因主角布料底色的「黃色」決定了整體印象，配角布料可選擇同色系的黃色條紋布。

主角布料的圓貝殼圖案，土耳其綠讓人印象深刻。因此配角也選擇了相同藍綠色的波浪紋路，以帶出故事性。

主角布料乍看之下，讓人覺得是以粉紅色花朵為主，但是仔細一看，散布各處的紫色，美麗且讓人難以忘懷。因此配角就選擇了相同紫色的素色布料。

Sentir le vent・鶴見和代

No.16 ITEM｜六角形針插M・S
作 法｜P.74

以小布頭拼組製作的六角形針插。選布的重點,是將最搶眼的圖案配置於中央。

No.15 ITEM｜針線包
作 法｜P.77

可收摺成迷你提包般的攜帶用針線包。能夠依針的類型分類,非常方便。

No.18・19 ITEM｜冰淇淋剪刀套(No.18・雙球/No.19・三球)
作 法｜P.78

三球冰淇淋內收納的是布剪,雙球冰淇淋則是紙剪。製作時,依手邊剪刀的尺寸改變冰淇淋球數吧!

No.17 ITEM｜萬用布盒
作 法｜P.76

什麼都可以裝的收納布盒。將小碎布黏貼在六角形&五角形的底紙上,進行組合即完成,作法超簡易!

No.**21** ITEM | 三角拼接肩背包
作 法 | P.81

因為想要把喜歡的零碼布一點不剩地全都用完,而製作了這款肩背包。背帶使用市售的商品。

No.**20** ITEM | 裁縫包
作 法 | P.80

有小小的提把,方便攜帶的提包形波奇包。除了裁縫工具,也很推薦當成包中包使用。

COTTON FRIEND流 色彩‧圖案搭配技巧3

從主角到配角,
路人角色決定權(花色選擇)也取決在你

參見P.7、P.9,了解<配角>布料的選擇方式之後,
試著進階挑戰——搭配有多樣部件的作品圖案顏色。

重點5 依序決定每個部位的布料

部件較多的作品,依主角→第二主角→戲份重要的配角→配角A→配角B→路人,這種戲劇選角的方式,以表本體→配布→裡本體的順序決定布料,過程就會很流暢。

例如…

No.**22** 箱型口金盒

主角級
表本體

第二主角
裡本體

路人
配布D

配角群
配布B至D

戲份重要的配角
配布A

comment

無論是戲劇還是手作,都取決在導演(製作者)的手中!(雖然可能有些地方不適用……)
但偶而也會發生雖然選角(顏色圖案選擇)失敗,意外地成就出好品味&讓人印象深刻的作品。
請依你的個人方式進行作品創作吧!

以Tilda布料
暢玩春季

由布物作家くぼでらようこ，
使用人氣布料品牌Tilda推出的新款布料，帶來春色小物。

攝影＝回里純子　造型＝西森 萌　妝髮＝櫻井優子　模特兒＝島野ソラ

※材料若無特別標品牌名稱，皆為Tilda布料。

~ティルダ~

來自挪威的人氣布料品牌。其概念是透過手作
「為我們的日常增添平靜與樂趣」。以布料
為中心，為拼布及縫紉等提供多方面的創作元
素，收服全世界的手作迷。

🔍 來瞧瞧！Tilda的世界
https://tildajapan.com/

New Collection!
Cotton Beach
コットン ビーチ

Tilda2022春夏精選系列Cotton Beach。以貝殼、珊瑚礁、海葵等畫作圖案，加上海邊的沙子、甚至閃
耀著陽光的深淺海浪，呈現出具有細微變化的色彩設計。

No.23 ITEM｜天鵝針插
作法｜P.78

裁縫桌上的主角是手掌大小的天鵝形針
插。以珠針固定，能上下活動的翅膀是
相當迷人的設計。

左・表布＝平織布
（100335・Ocean Flower Blue）
中・表布＝平織布
（100340・Ocean Flower Honey）
右・表布＝平織布
（100330・Ocean Flower Gray）

No.22 ITEM｜箱型口金包
作法｜P.79

くぼでら小姐設計的歷代小物之中，最
受歡迎的箱型口金包。這次以春色的4
款圖案進行搭配製作。由於容量充足，
運用方法非常自由。

表布＝平織布（100335・Ocean
Flower Blue）配布A＝平織布
（130003・Medium Dots Pink）配
布B＝平織布（120010・Lavender
Pink）裡布＝平織布（110024・
Beach Shells Coral）

No.24 ITEM｜水滴包
作法｜P.86

散步時攜帶、出遊時作為備用包，可當成造
型穿搭重點的水滴形布包。從印花布上剪下
單個圖案製作的燙布貼，也是很美的亮點裝
飾。

左▶表布＝平織布（100325・Ocean Flower Coral）
　　裡布＝平織布（120012・Thristle）
中▶表布＝平織布（100328・Limpet Shell Grey）
　　裡布＝平織布（120003・Soft Teal）
右▶表布＝平織布（100332・Sea Anemone Blue）
　　裡布＝平織布（120013・Lupine）

22至26創作者

くぼでらようこ
📷 @dekobokoubou

No.25 ITEM｜摺疊陽傘＆傘袋
作 法｜P.82

看到描繪著珊瑚圖案的夏季新款布料時，我就想
「這款布料製作陽傘一定很棒」！隨著即將進入
陽光逐漸變強的季節，摺疊陽傘是必備之物。也
很建議以同款布料製作成套的收納傘袋。

表布＝平織布（100334・Coral Reef Blue）
傘袋配布＝平織布（120013・Lupine）
陽傘傘骨＝摺疊陽傘骨組B Type（NAW-M28）／日本紐釦貿易
株式會社

No.26
ITEM｜遮陽直傘
作 法｜P.84

No.25是摺疊款式的陽傘，這款則是長拐杖型的
陽傘。拼接使用的綠色布料也是Tilda布品，與
印花布搭配性絕佳！

表布＝平織布（100340・Ocean Flower Honey）
配布＝平織布（120008・Blue Sage）
陽傘骨＝陽傘骨組（parasol）竹製（竹握把款式）
（NAB70）／日本紐釦貿易株式會社

作法簡單，外形圓潤的可愛波
奇包。收納零散物品，或作為
略表心意的小禮物都很適合。
袋口是以壓釦開闔的樣式。

左・表布＝平織布
（110028・Beach Shells Teal）
中・表布＝平織布
（100333・Limpet Shell Blue）
右上・表布＝平織布
（100328・Limpet Shell Grey）
右・表布＝平織布
（100325・Ocean Flower Coral）

小而巧，

盡情享受繡線鉤織的樂趣吧！

將一個個小巧的作品，
與飾品五金配件結合，
作出髮飾、耳機防塵塞、徽章、項鍊、戒指……
各式各樣充滿趣味的飾品小物。

掌握縫拉鍊的訣竅

若被問起「擅長縫拉鍊嗎?」能夠回答「是!」該有多好……
一直抱有這種想法,但一轉眼就過了好幾年。
差不多該來克服「縫拉鍊」的恐懼了吧?
其實只要記住步驟,接縫拉鍊非常簡單!
立刻跟著富山老師的傳授,一起戰勝拉鍊接縫吧~

不再讓你
叫苦連天!

富山流心法公開,
布包&波奇包
全攻略!

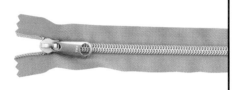
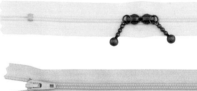

攝影=回里純子 造型=西森萌 妝髮=櫻井優子 模特兒=島野ソラ

指導老師…

冨山朋子
文化服裝學院 生涯學習BUNKA 時尚推廣部的布包講座講師。
舉辦的布包講座因讓機縫生手也能車縫出美麗的作品而大受歡迎。
@popozakka

1. 拉鍊的基礎

材料標示的「拉鍊長度○cm」是指閉合狀態之下，拉鍊從上止到下止的長度，並非布帶的長度！

只要知道名稱，就能立刻拉近與拉鍊的距離！

拉鍊的部位

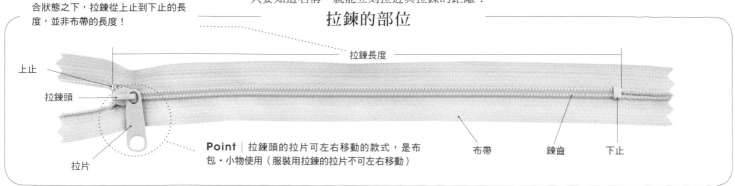

拉鍊長度

上止

拉鍊頭

拉片

Point | 拉鍊頭的拉片可左右移動的款式，是布包・小物使用（服裝用拉鍊的拉片不可左右移動）

布帶　鍊齒　下止

小物常用的4種款式

拉鍊的種類

[金屬拉鍊]
鍊齒為金屬製的拉鍊。能完成具厚重感的成品。鍊齒顏色有電鍍（銀色）、金色或古典金等。

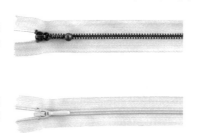

[FLATKNIT®拉鍊]
將針織布帶織入鍊齒的拉鍊。輕薄柔軟，容易車縫。

[尼龍拉鍊]
鍊齒是樹脂製，具有柔軟度的拉鍊。適用於弧線設計。鍊齒寬度有不同種類，數字越大越粗。

[VISLON®拉鍊]
鍊齒為樹脂材質，尺寸較大，也有鍊齒與布帶不同顏色的樣式，能夠作為設計的重點。輕巧且耐用。

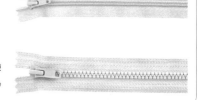

以接著襯為基準摺出褶痕，就能筆直摺疊。

讓人跌破眼鏡的簡單！ **不使用珠針的拉鍊接縫方式**

只要善加利用「雙面膠」＆「接著襯」，就能精準地漂亮接縫拉鍊。

雙面膠

接著襯

表布（背面）

在要接縫拉鍊的布料（表布・背面）邊緣黏貼雙面膠，並在完成位置黏貼上裁切成寬1cm的接著襯。

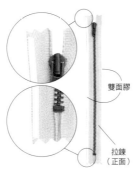

雙面膠

拉鍊（正面）

將拉鍊布帶從頭到尾貼上雙面膠。

①橡膠接著劑（手藝用白膠也OK）②刮刀（用於塗抹橡膠接著劑）③沾有針車油的布料 ④剪刀 ⑤錐子 ⑥布用雙面膠（3mm）⑦美工刀（摺斷刀片，使用新刀刃）⑧金屬尺（美工刀用尺）⑨不織布接著襯（中厚）／日本vilene株式會社

工具

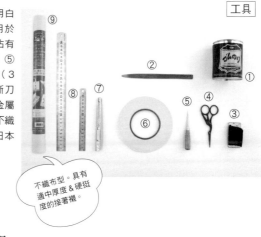

不織布型，具有適中厚度＆硬挺度的接著襯。

以雙面膠暫時固定時的車縫訣竅

拉鍊頭

車縫鍊齒左側時，則套入壓布腳右側。

車縫鍊齒右側時，套入壓布腳左側。

左

右

[拉鍊壓布腳]
可將縫紉機車針設置於壓腳左或右側，使壓腳車縫時不會碰撞到拉鍊鍊齒。推薦必備！

雙面膠一旦在車針上留下殘膠，讓針變得黏黏，就會導致跳針。車縫時，請事先準備好沾有針車油的布料，頻繁擦拭車針以去除黏膠。

2. 基本的拉鍊接縫方式

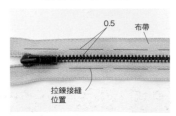

No.35 附側身拉鍊波奇包

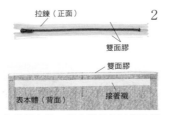

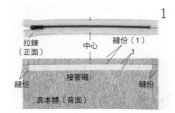

3
沿著接著襯摺疊，無需熨斗也能夠筆直摺疊。

表本體（背面）

摺疊

一邊撕下雙面膠離型紙（不要一次剝除），一邊沿著接著襯邊緣摺疊表布，黏合縫份。

2
拉鍊（正面）
雙面膠
雙面膠
表本體（背面）　接著襯

在拉鍊布帶、表本體拉鍊接縫位置的布邊黏貼雙面膠（參見P.17）。

1
拉鍊（正面）　中心　縫份（1）
縫份　接著襯　縫份
表本體（背面）

在表本體拉鍊接縫位置的完成線旁黏貼寬1cm的接著襯。在拉鍊＆表本體中心作記號。

(右上圖)
0.5　布帶
拉鍊接縫位置

以距離拉鍊鍊齒0.5cm，布帶布紋看起來不一樣處對齊表布，就能漂亮地車縫。

7
表本體（正面）
拉鍊（正面）
0.2
0.5

於步驟5、6下方0.5cm處再車1道縫線。另一側的表本體也以相同方式接縫。

6

車縫到靠近拉鍊頭時，降下車針並提起壓布腳，將拉鍊頭移至最上端，再繼續車縫至最後。

5

拉鍊頭

將拉鍊頭下拉至一半的位置，開始車縫。將拉鍊壓布腳安裝於右側，壓住鍊齒左側，沿本體邊緣0.2cm處車縫。

4
拉鍊（正面）
拉鍊接縫位置　中心
表本體（正面）

將本體重疊於拉鍊布帶上，對齊中心。撕下拉鍊的雙面膠離型紙，於拉鍊的接合位置黏貼本體。

3. 摺疊拉鍊邊端
（波奇包等直接將拉鍊接縫於本體的作法）

No.29 單拉鍊波奇包

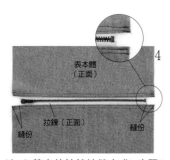

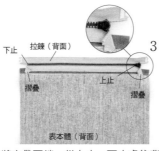

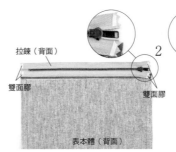

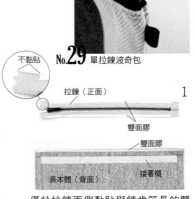

4
表本體（正面）
縫份　拉鍊（正面）　縫份

以<2.基本的拉鍊接縫方式>步驟5至7相同作法車縫，形成縫份處沒有布帶的狀態。

3
下止　拉鍊（背面）　上止
摺疊　摺疊
表本體（背面）

將布帶兩端，從上止、下止處往背面斜向摺疊，並以雙面膠黏貼固定。

2
拉鍊（背面）
雙面膠　雙面膠
表本體（背面）

在拉鍊背面側的布帶邊端4個位置黏貼雙面膠。

1
不黏貼　拉鍊（正面）
雙面膠
雙面膠
表本體（背面）　接著襯

僅於拉鍊兩側黏貼與鍊齒等長的雙面膠。表本體則在拉鍊接縫位置的完成線黏貼寬1cm的接著襯。並於拉鍊＆表本體中心作記號。

4. 與裡本體接縫

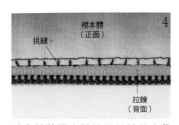

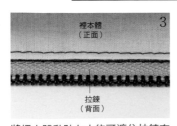

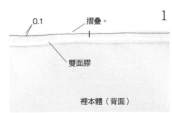

4
裡本體（正面）
挑縫。
拉鍊（背面）

以立針將裡本體接縫於拉鍊布帶上。

3
裡本體（正面）
拉鍊（背面）

將裡本體黏貼在大約可遮住拉鍊布帶縫線的位置。

2
拉鍊（背面）　中心
裡本體（正面）

放入表本體中，對齊中心、脇邊等位置，將裡本體黏貼在遮蓋拉鍊布帶縫線的位置。

1
0.1　摺疊。
雙面膠
裡本體（背面）

摺疊裡本體袋口縫份，以縫紉機車縫。在縫份上黏貼雙面膠，並於中心作記號。

掌握縫拉鍊的訣竅

No.28 ITEM｜公事包
作 法｜P.87

可完全收納A4文件＆筆記型電腦的布包。
雙開拉鍊的袋口，方便大幅敞開。寬12cm的
側身，也使得穩定性及容量都不容小覷。

No.30 ITEM｜筆袋
作 法｜P.92

有裡布的拉鍊筆袋。由於作有
側身，打開時相較於扁平款更
能看清內容物。此外，因樣式
簡單，相當適合展現布料圖
案。

No.29 ITEM｜單拉鍊波奇包
作 法｜P.90

如果你是縫拉鍊的新手，建議先從這
款簡單且實用的波奇包入門。熟練
作法之後，也可以依需求製作其他尺
寸。

No.31　ITEM｜附側身拉鍊包
作法｜P.88

比起直接在布包本體車縫拉鍊，在口布接縫
拉鍊的作法或許更能輕鬆上手。若想遮蔽包
內雜物，也很推薦此設計。

No.33　ITEM｜雙拉鍊波奇包
作法｜P.90

能將收據、用藥手冊以及醫院掛號
證等各種物品，分類收入2個拉鍊口
袋的波奇包。

No.32　ITEM｜方形
隨行包
作法｜P.89

可愛的胖胖方塊狀小肩包。在
正式縫上肩背帶之前，依自己
的體型與用法（斜背或肩背）
決定長度吧！

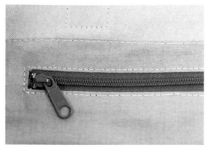

No.34 ITEM｜橢圓底托特包
作 法｜P.91

熟練拉鍊接縫技巧後，想接著挑戰的是有外口袋的提包——藉由帶有皮革元素的口袋，提升成品質感。

No.35 ITEM｜附側身拉鍊波奇包
作 法｜P.92

具有穩定性且萬用的附側身拉鍊波奇包。採用以素色布料拼接側身的設計，突顯出本體的圖案布。

No.36 ITEM｜隱藏式拉鍊口袋托特包
作 法｜P.93

足以放入便當及水壺等物品，適合在附近散步時使用的托特包。鑰匙、錢包等想隨手取出的物品，就裝入有蓋布的拉鍊口袋中。

5. 拉鍊口袋的接縫方式

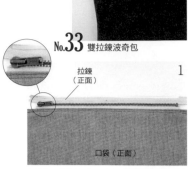

No.33 雙拉鍊波奇包

1

拉鍊一側以<P.18 3.摺疊拉鍊邊端>相同作法處理後,將拉鍊頭置於口袋左側進行接縫。

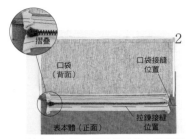

2

對齊表本體口袋接縫位置＆拉鍊接縫位置,正面相疊暫時黏貼固定拉鍊。布帶兩端摺往拉鍊正面側,以雙面膠黏貼固定。

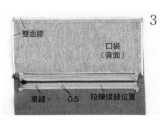

3

先沿拉鍊接縫位置車縫固定,在外側0.5cm處再車縫一道線。並在口袋的三邊黏貼雙面膠。

4

沿鍊齒對摺拉鍊,以雙面膠將口袋黏貼於表本體。

---

6. 隱藏式拉鍊的接縫方式

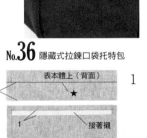

No.36 隱藏式拉鍊口袋托特包

1

在表本體上作完成線記號(★),在口袋上邊(口袋口)的完成線處黏貼寬1cm接著襯。

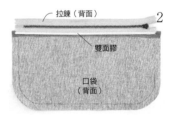

2

以<P.18 2.基本的拉鍊接縫方式>步驟2至4相同作法,在口袋黏貼拉鍊。並於口袋側的拉鍊布帶邊緣黏貼雙面膠。

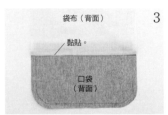

3

對齊口袋縫份邊緣,以雙面膠黏貼袋布。

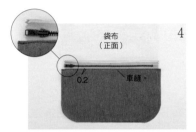

4

從正面側車縫。

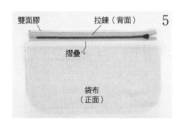

5

沿縫線摺疊袋布,摺往口袋側。再於另一側的拉鍊布帶黏貼雙面膠。

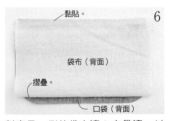

6

對齊另一側的袋布邊＆布帶邊,以步驟5的雙面膠黏合固定。

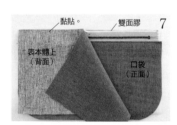

7

將步驟6翻至正面,在拉鍊布帶邊緣黏貼雙面膠。與表本體上正面相疊,並對齊拉鍊布帶邊緣黏貼固定。

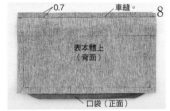

8

取0.7cm縫份車縫。

9

翻到背面,將步驟8車縫的布邊對齊★,摺疊表本體上。

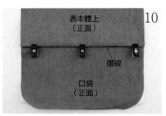

10

翻至正面側,以強力夾固定摺線。

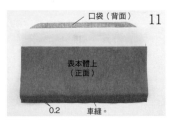

11

避開口袋,車縫摺線。

12

翻回口袋。

7. 拉鍊內口袋的接縫方式

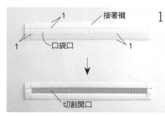

No.34 橢圓底托特包

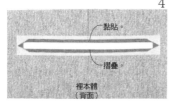

1

裁剪黏貼於口袋口背面側的接著襯。考量摺布的厚度，可在記號外側0.1cm處以美工刀切割開口。

2

在裡本體的口袋口位置燙貼接著襯，並在開口處畫上箭頭記號。

3

放上量尺，從邊緣沿箭頭記號，以美工刀切出切口。

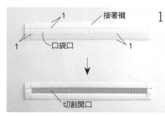

4

縫份塗上橡膠接著劑（或手藝用白膠），沿接著襯內邊摺疊，黏貼縫份。

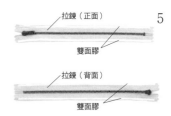

5

在拉鍊布帶正面、背面共四邊黏貼雙面膠。

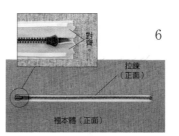

6

對齊裡本體口袋口，以雙面膠黏貼拉鍊。請將拉鍊上止處的布帶收合，避免外開地進行黏貼。

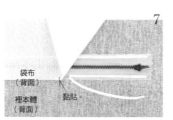

7

將袋布對齊下側的布帶，以雙面膠黏貼。

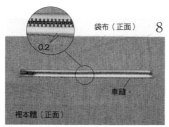

8

從正面側車縫拉鍊下側邊。

9

沿袋布縫線往下摺疊。

10

向上翻摺袋布，將另一側袋布邊對齊拉鍊上側邊，以雙面膠黏貼。

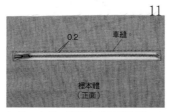

11

如縫ㄈ字般，連續車縫拉鍊脇邊→上側邊→脇邊。

12

掀起本體布，車縫袋布兩脇邊。先車縫固定口袋口邊端，其下方則以1cm縫份車縫。另一側也以相同方式縫製。

8. 附補強布外口袋的接縫方式

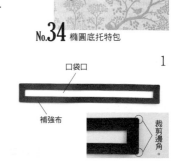

No.34 橢圓底托特包

1

對齊口袋口，以刀片裁切布料（皮革）。邊角如太尖銳，會從此處掀起，因此可稍作修剪。

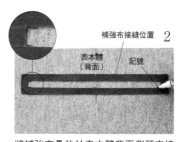

2

將補強布疊放於表本體背面側預定接縫位置，並在內側角處畫ㄈ字的口袋口記號。

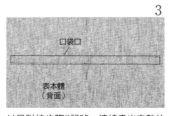

3

以尺對接步驟2記號，連線畫出完整的口袋口。

4

使用量尺，以美工刀沿記號外側切割出口袋口。

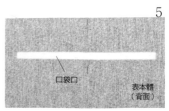

5

口袋口切割完成。

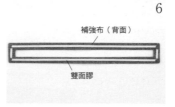

6

在補強布背面黏貼雙面膠。

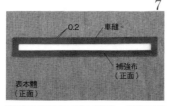

7

將補強布對齊口袋口黏貼，車縫皮革外側。

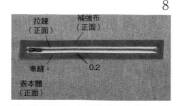

8

以<7.-6至10>相同作法接縫拉鍊＆袋布，並車縫皮革內側。再以<7.-12>相同方式車縫袋布兩脇。

教你學會縫製別出心裁的波奇包！
完全掌握拉鍊計算＆接縫方式！

＼本書豐富收錄／

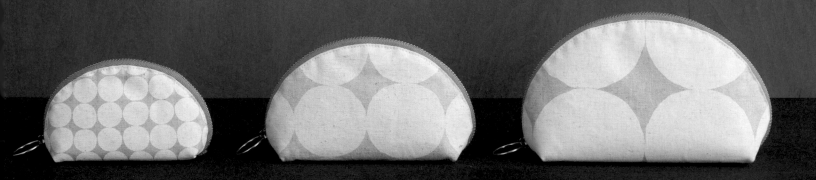

直線設計
29 款

圓弧曲線
26 款

附屬配件
12 件

紙型貼心附錄製圖用方格紙
＋
搭配組合作品原寸紙型17款

自己畫紙型！
拉鍊包設計打版圖解全書
越膳夕香◎著
平裝96頁／19cm×26cm／彩色＋單色
定價480元

日本人氣口金包手作研究家——越膳夕香，自推出《自己畫紙型！口金包設計打版圖解全書》大受好評後，再度出版姐妹作《自己畫紙型！拉鍊包設計打版圖解全書》。需要縫製拉鍊的作品，一直都是初學者感到困擾的款式，本書作者特別將拉鍊包分類，整理成實用的紙型打版教科書，讓您能夠簡單的運用，作出符合需要版型的各式拉鍊包！自基礎的拉鍊介紹、認識拉鍊、挑選拉鍊開始，配合拉鍊製作紙型，依照想要位置、款式、設計，可運用本書的製版教學，自行設計紙型，製作出想要的拉鍊包，即使是初學者製作也沒問題！本書附錄紙型貼心加上了製圖用的方格紙，讓想要自學繪製基本版型設計的初學者也能快速上手，縫合拉鍊並難事，跟著越膳夕香老師的講解及詳細教學，自由自在地運用本書技法作出各式各樣的拉鍊包，享受手作人的設計樂趣吧！

皮革×帆布的時尚組合
手提包&波奇包

布包講師・冨山朋子以如市售品般高質感&可愛的設計，及簡單易懂的解說而大受歡迎。這次要推薦的，是帶有春日明快氣息的手提包&波奇包。

No.37

No.38

No.37·38

ITEM 皮革×帆布托特散步包（No.37）
皮革×帆布拉鍊波奇包（No.38）
作法｜P.96

石蠟加工10號帆布的獨特皺紋與皮革的搭配性絕佳，用以製作托特包&波奇包的組合既簡單又實用。帆布隨著使用時間增長將變得柔軟，皮革則會因手的觸摸而逐漸增加光澤，可帶來使用後的雙重變化樂趣。

表布＝10號帆布石蠟樹脂防水加工（1050-1・原色） 裡布＝棉厚織79號（3300-3・原色）／富士金梅®（川島商事株式會社）

布包講師・冨山朋子
📷 @popozakka
由冨山小姐解說&設計作品的特集「掌握縫拉鍊的訣竅」參見P.16。

1

2

3

4

1.附有內裡的簡易樣式，加上皮革的組合呈現出高級感。 2.看起來單純的波奇包，內裡有2格分隔口袋。
3.皮革×帆布的縫製，使用較粗的30號線。 4.冨山小姐為了本次作品特別設計的5×5cm皮標。

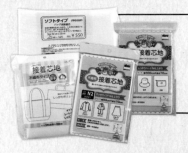

訪問專家！ 最新的接著襯

針對手作不可或缺的接著襯，
本次特別訪問了熟悉接著襯的專家們，在此介紹最新的接著襯資訊。

＼ 接著襯提供 ／
日本vilene（株） 清原（株）
鎌倉SWANY　KURAI・MUKI（株）
布料通販L'idee　淺草Youlove

攝影：腰塚良彥　編輯協力：向光晴・鶴見和代・赤峰清香・くぼでらようこ・加藤容子・冨山朋子・KURAI MIYOHA

該怎麼區別接著襯的種類？

＼想要作出蓬鬆的效果！／　＼製作服飾的首選！／　＼想要保留表布質感。／　＼接著襯初學者！想製作出明確的形狀。／

接著鋪棉

鋪棉上帶有膠面的種類。推薦使用在機縫壓線時，以及想讓成品具有蓬鬆感或帶有緩衝防護的效果。

針 織

針織材質的接著襯。具有布紋，使用時要對齊表布布紋進行裁剪。適合製作衣物。由於具有彈性，因此也容易與布料結合。

織 物

有布紋，使用時要配合表布布紋進行裁剪。會保留表布手感，並產生挺度。即使較硬的襯，作出的成品也相對柔軟。

不織布

價格便宜，容易購得。沒有布紋，不會脫線，因此方便使用。容易產生堅硬的質感，表布會變得較沒伸縮性，但容易車縫。若在薄布上黏貼硬襯，可能會產生皺褶。

該怎麼選擇接著襯？

　　　　　　　　　　　　　　一定要進行試貼！　　　　　　先閱讀包裝說明！

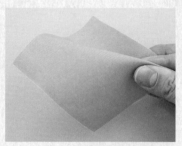

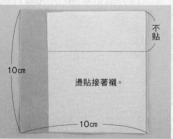

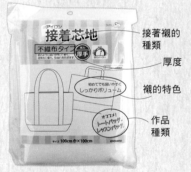

③確認手感是否為想要的硬度。

②冷卻之後，從未黏貼的接著襯處拉看，確認是否會剝落，藉以觀察與表布的適性。

①在10cm×10cm左右的表布上，熨燙黏貼約2/3。

接著襯的種類
厚度
襯的特色
作品種類

外包裝都會寫上有關於襯的資料。

縫份要不要黏貼接著襯？

依作品決定！

不黏貼縫份

好處

不會增加厚度，能作出清爽的效果。適用於小尺寸作品、表布較厚的情況，以及縫份重疊會產生厚度時。

連縫份也黏貼

好處

連接著襯也一起車縫，既不容易脫落，也可以防止車縫時的布料伸縮變形。適用於需時常洗滌的作品、表布容易伸縮變形的狀況，以及接著襯的黏貼面積較多時。

再複習一次！接著襯的燙貼方式

 Point 2 確認接著襯的黏貼面

在表面附著有圓點狀或具光澤的黏膠，摸起來粗糙的一面即為接著襯的黏貼面。若遇到難以分辨的種類，為避免黏膠沾附在熨斗上，請先隔著布料試貼。

Point 1 熨斗的溫度

溫度設定為「中」或「絲質」（140℃至160℃），不使用蒸氣。溫度過低無法充分貼合，過高則易使接著襯的表面融化＆接著樹脂（以下稱作黏膠）蒸發。家用熨斗若設定在中溫，不會發出高溫蒸氣，可以無蒸氣的方式進行。

若像平時燙衣服一樣滑動熨斗，易導致接著襯伸縮變形，無法漂亮黏貼。

Point 3 壓力・時間

為了不讓熨斗沾附黏膠，可放上描圖紙或烘焙紙。燙貼時，從中心開始進行。雙手拿著熨斗，以全身的重量按壓約10秒。

壓緊

意外鮮為人知的小知識

溫熱時，接著襯仍易脫落。因此燙襯完成後請放置在平坦處，直到冷卻為止。冷卻之後，確認是否已牢固地黏緊。若沒有黏好，就以熨斗再次熨燙。

因熨斗的熨燙面帶有蒸氣孔，而孔洞處無法加熱黏貼。為免有因孔洞而無黏貼的部分，需頻繁地移動熨斗，避免遺漏地進行黏合。從中心開始黏貼，一點一點錯開熨斗，盡量不要遺漏地進行燙貼。

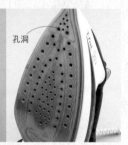

孔洞

各種接著襯燙貼失敗的解法

③以熨斗清潔筆清理後，再次以熨斗熨燙不要的布料，以確認是否還有髒污殘留。

用力摩擦

②將熨斗放在不要的布上，擦除黏膠。

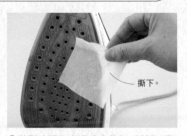

撕下。

①將熨斗調至高溫噴出蒸氣，緩緩地撕下接著襯。
過程中，務必避免被燙傷！

接著襯黏在熨斗上了！

啊
！！

如何保存接著襯？有使用期限嗎？

接著襯的產品編號

AM-W3

較小的接著襯，可在夾鏈袋上書寫產品編號，以分類收納＆方便辨別厚度。

接著襯的膠面朝內，避免產生皺褶地捲起，或輕輕地摺疊保管亦可。

接著襯的產品編號

AM-W3

預先將接著襯的產品編號以麥克筆寫在接著襯角落，就能容易辨識接著襯的種類，補充庫存時也很方便。

陽光直曬、高溫的場所，以及濕氣重的地方都不適合存放。沒有特別的使用期限。
若是小心存放，品質約3年左右不會變化。

創作者愛用・本期作品使用的接著襯

稍硬的網狀接著襯。有白・黑2色。先從接著襯側輕輕燙貼，再從布料表面用力熨燙即可黏合。

接著襯 硬（布的通販L'lee）

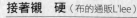

No.46

表布：11號帆布

赤峰清香

> **接著襯的選擇建議**
> 想像一下與布料的融合度是否良好？希望成品呈現出什麼樣的效果？

與帆布的適性甚佳，能作出堅挺的作品。在工作坊中也極獲好評，每次開課都會被問到這款接著襯。

厚度2mm。鋪棉上帶有蜘蛛網狀的黏膠，因此黏膠不會呈粉狀脫落。依厚度，還有80（厚1mm）與200（厚5mm）等種類。

Spider100

No.22

表布：平織布

くぼでらようこ

> **接著襯的選擇建議**
> 盡可能選用能不破壞表布質感，與布料結合度高的類型。想像著要呈現出怎樣的質感，並進行試貼確認效果是最好的。

具有鋪棉蓬鬆感的同時，也能擁有挺度是其特色。想呈現出如方盒等的箱型剪裁時，推薦使用。

彈性款

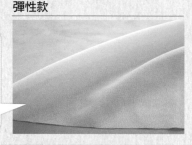

表布：平織布

加藤容子

> **接著襯的選擇建議**
> 尚未熟練時，建議不要購買零碼襯，而是購買整包販售的接著襯。因包裝上有標示厚度及用途可供參考。

彈性款與任何布料的結合度都很好，且不會改變布料質感。穿著時也能配合身體的活動，特別推薦用於製作衣物。

不織布型的接著襯。
能作出軟硬適中的效果。

日本vilene（株）厚不織布接著襯

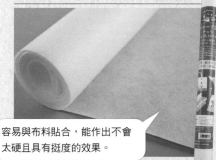

No.34

表布：厚棉布

冨山朋子

> **接著襯的選擇建議**
> 選擇不會減損布料本身風味的款式。建議先想好自己希望作出什麼樣的質感（柔軟、軟趴趴、硬挺等），並經由試貼以確認哪款的接著襯比較接近想要的感覺，而非限定什麼布一定要用什麼襯。

容易與布料貼合，能作出不會太硬且具有挺度的效果。

厚度適中的背膠型泡棉接著襯。有1mm、1.5mm、2mm厚3種類，此次使用1.5mm款式。

貼式泡棉襯（淺草 You Love）

No.54

表布：尼龍布

KURAI MIYOHA

> **接著襯的選擇建議**
> 與使用布料的適性＆想要作出具有挺度或柔軟的質感等，依作品的感覺選擇很重要。

由於是背膠式，黏貼在防水布、合成皮等無法熨燙的材質背面都非常方便。輕巧且具有緩衝性，是製作布包必備的好物。

日本vilene（株）

MF Super接著貼襯
在離型紙上有蜘蛛網狀黏膠的雙面膠襯。用於布料的相互黏貼&製作燙布貼等非常方便。

Decovil※
質感宛如皮布的厚接著襯。具有厚紙般的厚度與硬度，同時也富有彈性，可車縫。適用於想維持形狀的小物或布包底板等作品。
※Decovil是Carl Freudenberg KG社的商標。

手作材料品牌「貓頭鷹媽媽」家族的接著襯。不織布型&織物型，各有5種厚度，也有接著鋪棉的款式，種類相當豐富。

各品牌

推薦 & 機能接著襯

清原（株）（SUN COCCOH）

接著襯DE消臭
可除臭的接著襯。推薦使用在枕套等較在意味道的物品，以及不方便洗滌的衣物與雜貨。經水洗即可恢復除臭功能，即使洗滌100次，仍能保持優秀的除臭力。可依創意延伸出各種用途。

口罩襯
你知道口罩不可黏貼一般的接著襯嗎？這是不含對身體有害成分「甲醛」，口罩專用的接著襯。即使反覆洗滌，依然能維持手作口罩的形狀。
※無法完全預防感染。

布包襯 中等硬度
布包、小物專用的輕鬆燙接著襯。屬中等硬度的接著襯，成品可具有適當的挺度。正面的色彩&圖案非常豐富，可直接替代裡布，輕鬆製作布包小物。亦可用於燙布貼的製作。

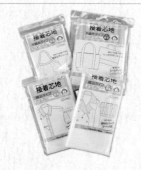

SUN COCCOH品牌的接著襯。從不織布型、織物型到具伸縮性的款式，皆有薄～厚的品項。色彩樣式也很豐富。

KURAI・MUKI（株）

KURAI・MUKI獨家萬用接著襯
5cm、15cm、35cm的捲筒狀針織型接著襯。接著襯可依作品寬度，毫不浪費地使用。薄且柔軟，具有透明感，可不傷及表布質感。從薄布到厚布，甚至針織布，無論什麼材質都適用。若剪裁成長條狀，亦可當作牽條襯使用。是從小物、服飾到和服改造，都能廣泛利用的接著襯。

鎌倉SWANY

以實際操作的回饋意見為基礎，設計製作而成。可作出專賣店商品質感的布包專用接著襯。以家用熨斗即可強力黏貼。有柔軟、中等、硬挺3種款式。

硬挺（厚）
想作出比中等款更加硬實的效果時推薦使用。

中等（中薄）
想要略帶挺度的效果，或想確實維持布包形狀時皆適用。

柔軟（薄）
表布為薄布時，能作出柔韌的效果。使用厚布時，則可呈現堅挺的質感。是可對應各種需求的接著襯。

想製作！想擁有！

質感升級的
大人風波奇包

春天，迎接新的季節。
縫製一個會讓人毫不猶豫地想向人炫耀的高質感波奇包，
讓心情煥然一新吧！

直到完成為止！

有清楚易懂的影片示範

M

S

攝影＝回里純子
造型＝西森萌

大容量&
攜帶便利性
No.1

No.39 | ITEM | 梯形小提包 M・S
作法 | P.95

作法影片
看這裡！

https://youtu.be/
dsyaiYfbyZc

寬幅袋口，容易拿取內容物的梯形波奇
包。縫上真皮提把，便於攜帶的優點大
加分！

M・表布＝進口布料（IS1002-3）
S・表布＝進口布料（IS1002-1）
／鎌倉SWANY

30

可大幅度
敞開袋口
的好物！

No.**40**　ITEM｜支架口金波奇包
　　　　　作 法｜P.94

開口可大大開啟，便於物品進出，一旦
使用就會愛上的人氣波奇包。金屬的拉
鍊尾片提升了質感。

右・表布＝進口布料（IE7037-2）
左・表布＝進口布料（IE7037-1）
／鎌倉SWANY

作法影片
看這裡！

https://youtu.be/
XlzqcjeXod4

大容量！
可大大開啟！

No.**41**　ITEM｜全開式波奇包M・S
　　　　　作 法｜P.98

拉開拉鍊就能讓袋口完全敞開，內容物
一目瞭然！擁有取放物品都方便的優
點，最適合當作筆袋或工具包。

M・表布＝進口布料（IE7043）
S・表布＝進口布料（IE5052）
／鎌倉SWANY

作法影片
看這裡！

https://youtu.be/
Q0knZuu2ASc

M

S

No.42

No.43

簡單拎著
就能營造出
優雅氛圍

No.42 ITEM｜圓提把口金波奇包
作 法｜P.97

No.43 ITEM｜三角提把口金波奇包
作 法｜P.97

以口金框附帶的圓環及三角環直接作為
提把，製作迷你提包。外出時，簡單拎
著就很有型。

No.42・表布＝進口布料（IE3180-1）
No.43・表布＝進口布料（IE3180-3）
／鎌倉SWANY

作法影片
看這裡！

https://youtu.be/
vOgwhXZMrul

作法影片
看這裡！

https://youtu.be/
FCQ38aF9ncw

經典款式！
實用度
一級棒

No.44　ITEM｜方形化妝包
　　　　作　法｜P.101

最適合放置化妝品與小物。略帶高度的
化妝品，約10cm以內都能直立放置。由
於具有側身，能夠穩定站立不軟塌也是
設計重點。

右・表布＝進口布料（IS6056-1）
左・表布＝進口布料（IS6056-2）
／鎌倉SWANY

圓弧線的
成熟
可愛風！

No.45　ITEM｜圓弧化妝包M・S
　　　　作　法｜P.99

由於拉鍊車縫於圓弧的兩側底之間，因
此可大大展開袋口，清楚一覽內容物。
以素色布×刺繡布料的配色呈現出絕佳
組合。

左・表布＝進口布料（IE3147-2）
右・表布＝進口布料（I E3147-1）
／鎌倉SWANY

作法影片
看這裡！

https://youtu.be/
YFDf6E0UvlE

在鎌倉誕生成長的「布料店」

1968年，喜愛布料的店主，於湘南鎌倉開始經營販售喜愛布料的小小店家，這就是SWANY的起源。
以棉布、亞麻布等天然布料為主軸，從針織服飾布料，乃至裁縫手藝小物，各式商品種類豐富齊全，
目前已是手作愛好者聚集的布料店。
現今仍以成為能夠滿足喜愛手作人士的店為目標，並繼續堅持「SWANY風格」，不停地找尋全世界
美好的布料。

kamakura
SWANY

一定能夠找到
「好想製作」的物品

全面性支援想手作服裝、布包以及家飾等物品的客人。

即使沒有任何手作經驗、沒有縫紉機，針線盒裡只有針、線的完全新手造訪SWANY，也能夠切身地感受到手作的溫暖及樂趣。

在YouTube或Instagram等社群，也可看到每日依季節性上傳的手工作品。

「夢想就在身邊」

SWANY會由經驗豐富的專業員工每天製作服裝及布包等作品，展示於店內或網路商店上。

為了幫喜愛手作的客人實現「我也想要製作！」的需求，也準備了多種尺寸圖（無紙型打版）贈禮，以及剪下即可使用的原寸紙型。

找到自己的喜愛布料後，就開心地手作吧！

誕生於鎌倉的
手作商店

🦢 鎌倉SWANY

鎌倉本店　神奈川縣鎌倉市大町 1-1-8

山下公園店　神奈川縣橫濱市中區山下町27番地
Proceed 山下公園THE・Tower 3F・B1F

店鋪網站
https://www.swany-kamakura.co.jp/

線上商店
https://www.swany.jp

支援手作的各種資訊看這裡。

赤峰清香的
布包物語

以閱讀及欣賞電影作為興趣，並用來轉換心情
的布包作家赤峰清香老師，將在每一期伴隨親
筆寫下的感想文，向大家介紹想要推薦的書籍
或電影，並製作取其內容為創作意向的設計包
款。請和介紹的書籍一同享受企劃主題「布包
物語」。

攝影＝回里純子　造型＝西森萌
模特兒＝島野ソラ

36

無論斜背或肩背，
皆能調整背帶長度。

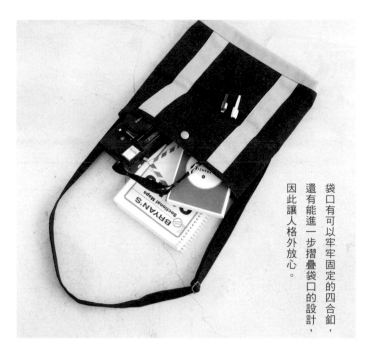

袋口有可以牢牢固定的四合釦，
還有能進一步摺疊袋口的設計，
因此讓人格外放心。

No.46 ITEM｜兩摺肩背包
作法｜P.100

除了錢包、手機等必備物品之外，還能收納500ml水瓶，
是適合外出的方便大小。成品予人的感覺會因配色而不同，
請試著以喜愛的組合製作吧！

表布＝11號帆布（＃5000-71・牛津藍）配布＝11號帆布（＃5000-34・淺
卡其色）裡布＝棉厚織79號（＃3300-20・藍色）／富士金梅®（川島商事
株式會社）日型環20mm（SUN13-131・AG）D型環20mm（SUN10-101・
AG）壓釦15mm（SUN18-53・AG）／清原株式會社

※暫譯：總在旅途中。

《いつも旅のなか》
角田光代◎著 KADOKAWA／角川文庫發行

被疫情打亂、難以旅行的現今，常常會看著清澈的藍
天，想著「啊！好想去旅行」。這種時候，總會忍不住
翻看旅遊書籍、雜誌，或外國的寫真集等。其中，我特
別喜歡角田光代的《いつも旅のなか》，且已反覆看過好
幾次了呢！

這本書是角田小姐的旅行讀單集，推薦給想品味如生
活在當地一般的旅行氛圍的你。和豪華旅遊八竿子打
不著，從有點好笑的小插曲到遭遇危險的回憶，點綴著
角田小姐的旅途。我喜愛這本書，是因為可以看到各個
國家的特色，能夠感受當地的氛圍。不只有光明溫暖的
世界，深視眼前的情景有時是滄桑的，有時是淒涼孤寂
的；即使是完全沒去過的國度，也能在文字之間得到些
許體會。

在我特列難忘的古巴篇章中，舊街區的描繪格外讓人
印象深刻，當地景色如歷歷在目；明明沒有親眼看過，
為何會被那景色深深吸引呢……這就是角田小姐文章的
魅力。而透過該篇，我也學會了新的旅行方式。「在旅
行目的地，閱讀描寫當地的書籍，閱讀在當地書寫的文
章，我認為這是一種很幸福的體驗。無論是哪個時代
所寫的文字，都最能夠感受到語言所描繪出的氛圍、觸
感、氣味。該怎麼說呢？我覺得無限接近於奇蹟。」書
中這樣寫到。我驚覺這是多麼棒的一件事，並決定當我
去旅行或出遠門時，一定要帶上一本關於當地的書籍。

只是將旅行單純當作興趣的角田小姐，在書中提到旅
行時似乎不能沒有後背包。但是我的想法是，如果有個
能快速取放必需品的小肩背包，就更方便了！以最自然
的方式旅行的角田小姐，應該適合搭配一個無裝飾的
簡單肩背包。於是有了這一款想像著角田小姐的旅程，
進行設計製作的布包。

兩摺 肩背包

★附裡布＆內口袋。
★正面有外口袋。

可藉由日型環
調節長度

D型環

本體 11號帆布
71・牛津藍

袋口
1.2→1.2cm三摺邊

配色 11號帆布
34淺卡其色

約15.5cm

26cm

3cm

---

profile 赤峰清香

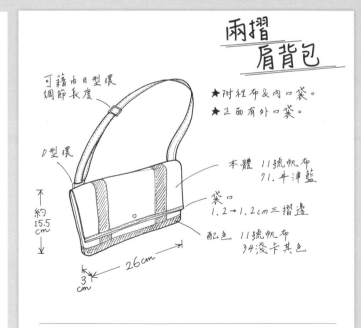

文化女子大學服裝學科畢業。於VOGUE學園東京、橫濱
校以講師的身分活動。近期著作《仕立て方が身に付く手
作りバッグ練習帖（暫譯：學會縫法 手作包練習帖）》
Boutique社出版，內附能直接剪下使用的原寸紙型，因豐
富的步驟圖解讓人容易理解而大受好評。
http://www.akamine-sayaka.com/
@sayakaakaminestyle

豐富色彩的
美麗生活

以高雅華麗的印花虜獲眾多愛好者的LAURA ASHLEY。
本次使用只在YUZAWAYA販賣的限定精選布品，
為迎接春天的到來作準備。

攝影＝回里純子　造型＝西森萌　妝髮＝櫻井優子　模特兒＝島野ソラ

No.47

ITEM│工作圍裙
作　法│P.102

拼接藍色的素色布料，高雅地襯托出描繪著美麗鳥兒的避暑勝地圖案。由於是能夠簡單縫製的版型，推薦也可以作作看不同配色的設計。

表布＝縱朱子織 by LAURA ASHLEY（Summer Palace・121-08-685-001）／YUZAWAYA

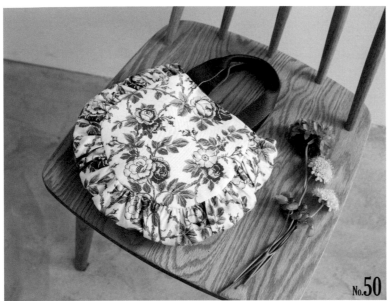

No.49

No.50

No.48

No.50 ITEM｜抓皺包
作法｜P.107

以側身的大量細褶為重點的手挽包。這個尺寸足以收納外出必需品，推薦當成備用包多加利用。

表布＝縱朱子織 by LAURA ASHLEY
（Pelham Stripe・121-08-686-003）
提把＝軟皮提把寬40mm（394-24-010）
／YUZAWAYA

No.49 ITEM｜皮革提把 拉鍊托特包
作法｜P.105

縫上市售品的提把，營造出高雅質感。拉合袋口拉鍊就看不到內容物，也使人相當放心。

表布＝縱朱子織 by LAURA ASHLEY
（HARVEST・121-08-687-001）
提把＝合成皮提把40cm（394-06-001-010）
／YUZAWAYA

No.48 ITEM｜布箱
作法｜P.104

可隱藏並收納房內零散雜物的布製置物箱。以直向車縫的壓線、皮革提把與掀蓋的花瓣曲線作為特點。

上・表布＝縱朱子織 by LAURA ASHLEY
（Pelham Stripe・121-08-686-001）
下・表布＝縱朱子織 by LAURA ASHLEY
（Agnes・121-08-629-001）
／YUZAWAYA

No.51 ITEM｜抱枕套
作法｜P.94

可直接展現LAURA ASHLEY美麗印花圖案的枕套。並以縱向壓線的作法，增添舒適的觸感。

右・表布＝縱朱子織 by LAURA ASHLEY
（HARVEST・121-08-687-003）
左・表布＝縱朱子織 by LAURA ASHLEY
（HARVEST・121-08-687-002）
／YUZAWAYA

基礎車縫線

Scbacce Spun車縫線

說到車縫線，就會想到Scbacce Spun。只要依布料＆用途來選線，就能車縫出堅韌漂亮的縫線。

視使用情況，選擇不同粗細的線？

Scbacce Spun車縫線有30號、60號、90號。各號線的粗細都不同，配合車縫布料的厚度選用，並替換適當的車針，就能車縫出美麗的縫線。

知道、不知道，大不同！

選擇縫線，提升成品大作戰

你知道嗎？只要稍微注意用線的挑選，就能大大影響成品的效果。此單元將介紹知道就不會吃虧的縫線小常識。

\ 以線軸的顏色作區分 /

粉紅色線軸是厚布用車縫線

#30
能牢牢地車縫牛仔布、帆布或皮布等厚布。
也很適合用來當成繡線。
建議搭配的車縫針為＊14號

藍色線軸是一般布用車縫線

#60
牛津布、平織布、密紋平織布等，從略薄到厚布，使用範圍寬廣。
建議搭配的車縫針為＊11號

黃色線軸是薄布用車縫線

#90
適用於薄細棉布、紗布等輕薄纖細的布料。能車縫出細緻漂亮的縫線。
建議搭配的車縫針為＊9號

建議在自然光下核對色彩。

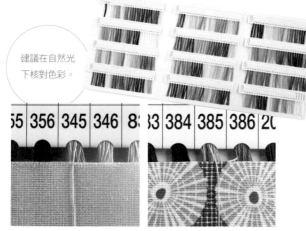

用法很簡單。將樣本冊的線放在持有的布料上，確認色彩是否吻合。重點在於不要放置一整束線，而是放置一條線來對色。

有一本就很好用！

Scbacce Spun縫線樣本冊

選擇適合布料色彩的縫線，就能大幅提升作品的成果。利用縫線樣本冊，可當場選出適合手邊布料的線條色彩，非常方便。部分手藝店會放在店中提供參考。

滑順的縫紉感

Scbacce Spun手縫線

專為手縫設計的右撚Scbacce Spun。線條不易扭轉，能夠順暢縫製。無需擔心打結、起毛、斷線，可縫製出牢固又柔韌的效果。

<線條粗細相當於＃50。以美式針4～9號為標準>

建議在接縫拉鍊的最後挑縫時使用手縫線。

防止滾動的花形線軸是其特色。

簡單疏縫線
MELTER

MELTER又稱作線型接著劑。可藉由加熱融化線條，黏貼布料。
能夠代替疏縫線或珠針，用法隨創意無限延伸。

用於下襬上褶或摺疊縫份時

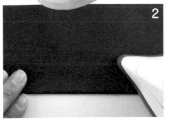

2

摺疊縫份，以中溫熨燙，藉由熱度融化MELTER，暫時黏貼固定。接下來不用珠針就能進行車縫或挑縫。

（背面）　**1**

摺疊縫份之前先夾入1條MELTER。

以MELTER製作燙布貼

2

放上想要燙布貼的圖案，以中溫熨燙。藉由熨斗的熱度融化MELTER，黏貼圖案。

（正面）　**1**

將MELTER剪下，放置在想要進行燙布貼的位置。

暫時固定口袋等配件

4

口袋縫份車縫完成。

3

摺疊口袋縫份，從正面側車縫固定縫份。

2

上線安裝Scbacce Spun。

1

將MELTER當作下線捲在梭子上。

8

口袋接縫完成。

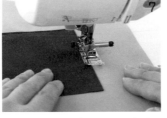

7

以指定針趾寬度車縫口袋。由於已暫時固定口袋，因此無需珠針。

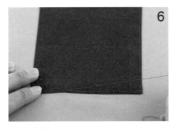

6

抽走上線。

（正面）　**5**

在口袋接縫位置放上步驟4，以中溫熨燙。下線MELTER融化，口袋即呈現暫時黏貼固定的狀態。

連名字也可愛！
MOCHITE

MOCHITE（日文提把的發音）！命名直白可愛的提把專用線。由於具有特殊樹脂塗層，因此滑順度佳，且具有不會斷裂的韌性，即使手縫也能牢牢地固定提把。

以專用線牢牢固定！
Scbacce Spun鈕釦縫線

等到發現時，鈕釦已經掉了！這種屢見不鮮的情形，原因或許就出在縫線強度不足。Scbacce Spun鈕釦縫線是縫鈕釦專用的超強力聚酯纖維線，能承受激烈的摩擦，可有效防止鈕釦脫落。

#30
薄布用

#20
一般布・厚布用

profile yasumin・山本靖美

於2011年起開設線上購物商店yasumin's-mini。結合LIBERTY印花布與亞麻布的布包＆波奇包大獲好評，在個人YouTube頻道上傳的作法影片，也匯聚了高人氣。搭配影片推出的已裁切材料組上架即完售，且吸引多人一再回購。

○ https://www.instagram.com/yasuminsmini/
🛒 線上商店 https://yasumin.stores.jp/

▶ yasumin

影片示範，完美製作！
LIBERTY FABRICS手作

▶ 點開看就會作！
yasumin 教作影片
https://youtu.be/4iUi7EwLl00

yasumin's point

附有長63cm的肩背帶＆竹提把的兩用包款。

能完全收納A4尺寸，並附有方便的內口袋。

No.52 ITEM｜竹提把2way包
作 法｜P.112

一感受春天的到來，就會想使用LIBERTY FABRICS印花布小物的人，就只有我嗎？以高級亞麻布＆帶有清爽感的LIBERTY FABRICS拼接製作的祖母包，可根據內容物，決定要使用肩背帶或竹提把。

〈右圖〉表布＝Tana Lawn by LIBERTY FABRICS（Honeydew・36301106-ZE）／株式會社LIBERTY JAPAN
配布＝color linen（110・cobalt blue）／fabric bird（中商事株式會社）
〈左圖〉表布＝Tana Lawn by LIBERTY FABRICS（Annabella・36301106-AE）／株式會社LIBERTY JAPAN
配布＝color linen（V・foliage）／fabric bird（中商事株式會社）
〈左右圖共通〉裡布＝tumbler linen素色（1・原色）／ fabric bird（中商事株式會社）
提把＝竹提把10.5cm（D29）／株式會社角田商店
接著襯＝接著襯布 中薄（AM-W3）／日本vilene株式會社

$_{No.}$53 ITEM | 扁平包
作 法 | P.106

書本或文件等紙製品及平板電腦等物品，只能全部混雜地放入大包包中難以分類，是否意外地讓人苦惱呢？能當作包中包使用的這款扁平包，內外皆有口袋，可完整地收納A4尺寸，非常方便！

<圖右前> 表布＝Tana Lawn by LIBERTY FABRICS（Cottage Border・3636416-D）／株式會社LIBERTY JAPAN
配布＝color linen（Z・blue berry）
裡布＝國產color linen（M・cloud blue）／fabric bird（中商事株式會社）
<圖左> 表布＝Tana Lawn by LIBERTY FABRICS（Cottage Border・3636416-C）／株式會社LIBERTY JAPAN
配布＝color linen（102・indigo navy）
裡布＝國產color linen（O・Jena）／fabric bird（中商事株式會社）
<圖左右共通>拉鍊＝雙開拉鍊30cm（silver：原色 色彩801）／手藝Wings（遠藤商事株式會社）
磁釦＝手縫磁釦10mm（SUN14-111・nickel）／清原株式會社
接著襯＝接著襯布 中薄（AM-W3）／日本vilene株式會社

 點開看就會作！
yasumin教作影片
https://youtu.be/7zTYKWTGJqM

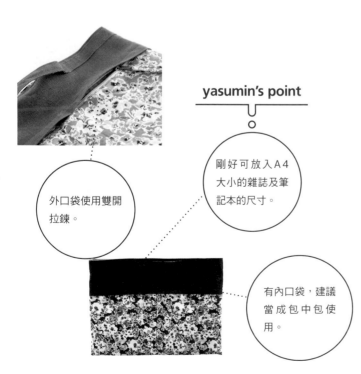

yasumin's point

剛好可放入 A4
大小的雜誌及筆
記本的尺寸。

外口袋使用雙開
拉鍊。

有內口袋，建議
當成包中包使
用。

Kurai Miyoha

簡約就是最好！

Simple is Best!

創作家Kurai Miyoha的連載單元「Simple is Best!簡約就是最好」

將陸續提出以Miyoha的視角來看，

可稱得上「這就是最好」的作法、素材及工具。

第8回是尼龍布材質的後背包。

攝影＝回里純子　造型＝西森 萌　妝髮＝櫻井優子　模特兒＝島野ソラ

profile

Kurai Miyoha

畢業於文化學園大學。在裁縫設計師的母親Kurai Muki
的帶領之下，自幼就非常熟悉裁縫世界。畢業後，作為
「KURAI•MUKI•ATRLIER」（倉井美由紀工作室）的工
作人員開始活動。貫徹KURAI MUKI流派「輕鬆縫製，
享受時尚」的縫製精神，並作為母親的好幫手擔任縫紉
教室講師、版型師、創作家，過著忙碌的生活。

https://shop-kurai-muki.ocnk.net/

🔳 kurai_muki

No.54 ITEM｜尼龍後背包
作 法｜P.108

外觀俐落，筆電ok的大容量後背包。簡單且雅緻
的設計，與尼龍的輕盈感意外地形成絕妙搭配。
是具有不過分休閒氛圍的大人款後背包。

表布＝stylish nylon米色（HMF-01/BE）
拉鍊＝medallion Gold 20cm鍊止（5CMG-20BL/580）
　　　medallion Gold 60cm雙開（5CMG-60SH/580）
織帶＝尼龍織帶20mm寬（TPN20-L）／清原株式會社

包體可藉由雙開拉鍊大幅打開。零散物品可放置於外口袋。
肩背帶則包入鋪棉襯或背膠型泡棉，以減輕肩膀負擔。

Jeu de Fils

小小手帕刺繡

自製想珍惜愛藏之一物

刺繡家Jeu de Fils高橋亜紀的新連載。

每季將會介紹一條繡了季節植物、英文字母，以及加上緣飾的手帕。

No.55 ITEM｜手帕～櫻桃
作 法｜P.46

約22×22cm茶巾尺寸的手帕。在織紋緊密的純白色亞麻布上進行亦稱作redwork的紅色單色刺繡。輪廓繡描繪的是從春天到夏天，告知季節到來的「櫻桃」。周邊以非常窄幅的二摺邊處理，並以雙回針繡＆半四角繡收邊。

手帕用布＝亞麻布　繡線＝daruma家庭線細口（01-0115・4赤紅）

profile　**Jeu de Fils・高橋亜紀**　💻 http://www.jeudefils.com/

刺繡家。經營「Jeu de Fils」工作室。從小就對刺繡感興趣，居住在法國期間正式學習刺繡，於當地的刺繡圈出道。一邊與各地的手藝家進行交流，一邊開始蒐集古刺繡、布品與相關資料等，返回日本後成立工作室。目前除了在工作室與文化中心舉辦講座，也於雜誌與web上發表作品。

刺繡的基礎筆記

線

木棉手縫線細口
（#30）
手縫用線

針

十字繡針No.26

count stitch（數布目進行的刺繡）用的圓針頭刺繡針。No.26是1至2股線用的細針。24K金的針款，下針流暢，易於刺繡。

刺繡方法

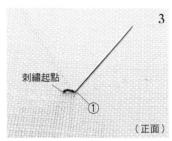

再次從①出針。

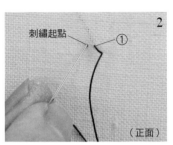

於刺繡起點入針。

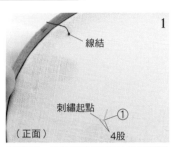

打線結，在距離刺繡起點超過繡針長度的位置入針，並從刺繡起點4股織線前方（①）出針。線頭留待最後再進行處理。

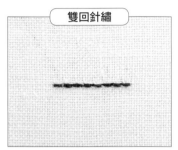

雙回針繡

在相同位置繡2次的雙回針繡。
※此作品是以4股織線為1目。

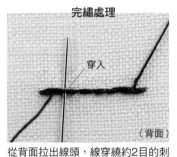

完繡處理

從背面拉出線頭，線穿繞約2目的刺繡針目後，剪斷繡線。刺繡起點也剪去線結，從背面拉出線頭，以相同作法收線。

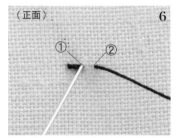

刺入①。再次於②出針，於①入針，相同位置繡2次，重複步驟5、6。

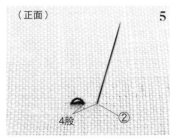

於4股織線之前（②）出針。

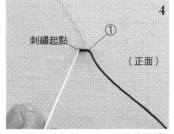

再次於刺繡起點入針。相同位置繡2次。

P.45_No.55 手帕～櫻桃的作法

材料：表布（亞麻布15目／1cm） 30cm×30cm 木棉手縫線（#30）

1. 進行雙回針繡

沿雙回針繡摺往背面側。

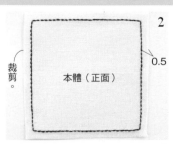

在雙回針繡四周保留0.5cm縫份，裁剪布料。

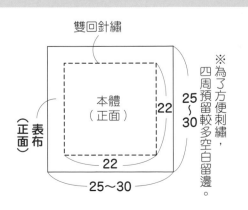

在表布進行雙回針繡。※木棉手縫線細口（#30）1股

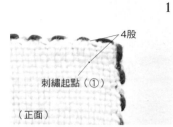

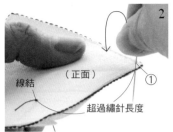

2

打線結，在距離刺繡起點超過繡針長度的位置入針，並從正面側於①入針。

1

4股

刺繡起點（①）

（正面）

以雙回針繡針目下方4股織線位置為刺繡起點（①）。

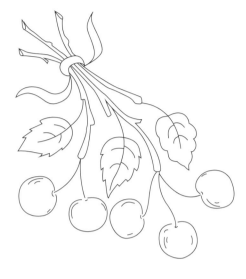

原寸繡圖

全部使用輪廓繡
（參見本期別冊「刺繡基礎講義」P.15）

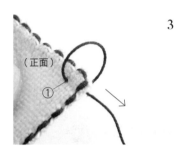

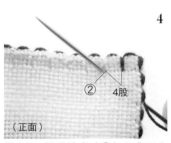

4

②　4股

（正面）

於左側4股織線處（②）的背面出針。

3

（正面）

①

往下拉線，使線落在①的雙回針繡針目之間。

十字繡圖

十字繡
（參見本期別冊「刺繡基礎講義」P.26）

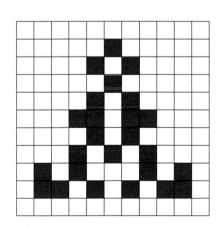

1格＝4目

※全部使用木棉手縫線細口（＃30）1股線

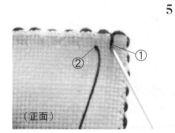

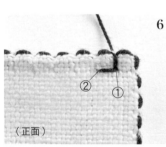

6

②　①

（正面）

繡好1目。

5

②　①

（正面）

刺入①。

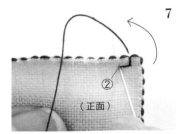

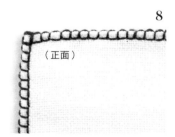

8

（正面）

重複步驟1至5，將四周鎖邊。在偏好的位置進行刺繡。

7

②

（正面）

刺入②，往下拉線使繡線落在左鄰雙回針繡的針目之間。

□□□□ 享受四季
刺子繡家事布

由刺子繡作家ちるぼる飯田敬子負責的刺子繡連載第4回。
在母親節&父親節來臨時，以刺子繡表達感謝的心意吧！

No.56·57

ITEM │ No.56 康乃馨（原色）
　　　│ No.57 康乃馨（紅色）

作　法 │ P.48

試著利用5mm方格，模仿康乃馨花形進行刺繡。
懷抱著「感謝」的心意，提前為母親節&父親節
進行準備如何呢？

No.56·線＝NONA細線（原色）
No.57·線＝NONA細線（紅色）／NONA
家事布＝DARUMA刺子繡家事布方格線／橫田株式會社

profile

ちるぼる・飯田敬子

刺子繡作家。出生於靜岡縣，在青森縣居
住時期接觸了刺子繡，從此投入學習傳
統刺子繡技法。目前透過個人網站以及
YouTube，推廣初學者也易懂的刺子繡針
法&應用方式。

📷 @sashiko_chilbol

No.56

No.57

攝影＝腰塚良彥

刺子繡家事布的作法

※為了方便理解，在此更換繡線顏色，並以比實物小的尺寸進行解說。

[刺子繡家事布的基礎]

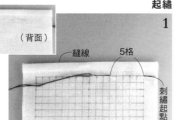

起繡　1

（背面）
縫線　5格
刺繡起點
刺繡起點

在刺繡起點前方5格入針，穿過兩片
布料之間（不在背面露出線條），往
刺繡起點出針。不打線結。

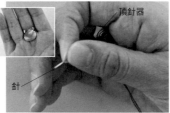

頂針器的配戴方法·持針方法

頂針器
針

頂針器的圓盤朝下，套入中指根部。剪
下張開雙臂長度（約80cm）的線段，
取1股線穿針。以食指和拇指捏針，頂
針器圓盤置於針後方的方式持針。

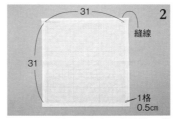

2

31
縫線
31
1格
0.5cm

DARUMA刺子繡家事布方格線已帶
有格線。使用漂白布時，則請依圖片
尺寸以水消筆描繪。

製作家事布&畫記號　1

0.5
布邊　（背面）　布邊
布寬

將「DARUMA刺子繡家事布方格線」
正面相疊對摺，在距離布邊0.5cm處平
針縫，接著翻至正面。使用漂白布時則
是裁剪成75cm，以相同方式縫製。

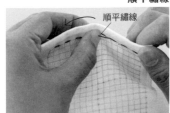

順平繡線

順平繡線

每繡1列就順平繡線（以左手指腹將
線條往左側順平），以舒展線條不順
處，使繡好的部分平坦。

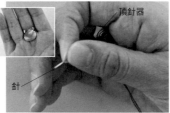

2

以左手將布料拉往遠側，使用頂針器
從後方推針，於正面出針。重複步驟
1、2。

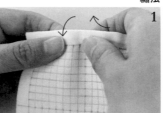

繡法　1

以左手將布料拉往近側，使用頂針器
一邊推針，一邊以右手拇控制針尖穿
入布料。

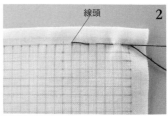

2

線頭

留下約1cm線頭，拉繡線。開始刺
繡，將穿入布料間的線加以固定。完
成後剪去線頭。

48

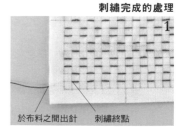

（背面）

繡3目之後，穿入布料之間，在遠處出針並剪斷繡線。

※刺繡過程中若繡線不足，以同樣的起繡＆完繡的處理方式進行。

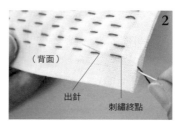

（背面）

0.2

以0.2cm左右的針目分開繡線入針，穿過布料之間，於隔壁針目一端出針，以相同方式刺繡。

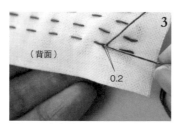

（背面）

出針

刺繡終點

翻至背面，避免在正面形成針目，將針穿入布料之間，在背面側的針目一端出針。

刺繡完成的處理 1

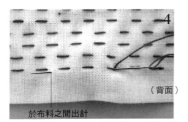

於布料之間出針　刺繡終點

刺繡完成後，從布料間出針。

[No.56・57繡法]]

1. 描圖

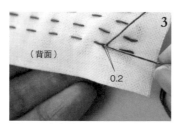

2

描繪圖案的紅線。

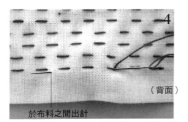

1

從右上開始描繪家事布圖案線。首先，描繪中央菱形圖案（黑線）。

①DARUMA刺子繡家事布方格線（或漂白布）②線剪③頂針器④針（溝大くけ）⑤線（NONA細線或細木棉線）⑥尺

工具

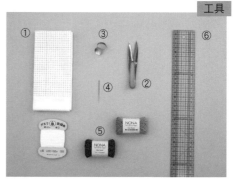

使用能以水清除筆跡的水消式記號筆。

---

2. 橫向刺繡

6

背面的模樣。

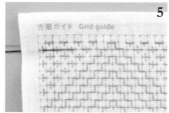

5

方眼ガイド Grid guide

繡到最後，將針穿入兩片布料之間（不從背面出針），在相同位置下方1格出針。

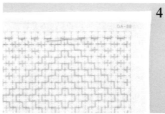

4

完成一列刺繡。

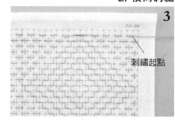

3

刺繡起點

參見P.48起繡作法，從圖示位置的圖案右端開始刺繡。依描好的圖案進行刺繡。

圖案

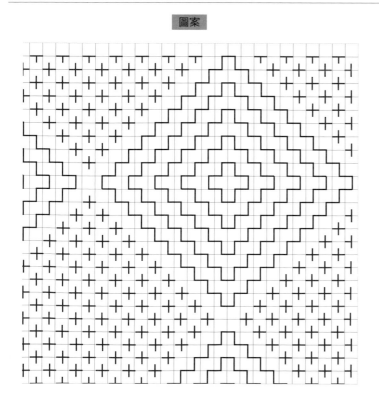

3. 直向刺繡

8

刺繡起點

繡直向。以橫向的相同方式依圖案刺繡。

7

重複步驟4至6，繡到最後。

完成

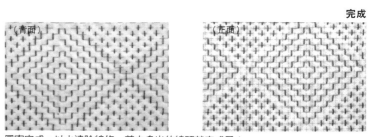

（背面）　　　（正面）

圖案完成。以水清除線條，剪去多出的線頭就完成了！

透過手鞠球享受季節更迭之美

手鞠的時間

手鞠球與草木染商店NONA的手鞠連載。呼應春季的到來，
本次就來介紹有全新相遇之意的「麻葉手鞠」。

寄託於麻葉的心願

日本文樣中最具代表性的「麻葉文樣」，是由據說可驅邪的三角形彙集成六角形的幾何學圖案。由於近似於堅韌且生長迅速的麻葉形狀，因此一直是嬰兒服&兒童和服常用的文樣。「春天有女兒節、開學典禮、端午節等，滿滿都是與兒童有關的節慶活動，因此很推薦以麻葉手鞠來傳遞祝賀的心情。此外，若仔細看著麻葉手鞠，還能從中看到星星呢！其中也具有盼望每個小朋友都能閃閃發光的心意。」NONA的安部小姐這樣說。那麼就趕緊來製作以線條色彩呈現不同風貌的麻葉手鞠吧！

photo：Yukari Shirai　styling：Rie Sasaki（NONA）

No. **58·59·60**　ITEM｜麻葉手鞠
作　法｜P.52

在10分割的素球上，以NONA線描繪出菱形，並將麻
葉文樣散佈繡入其中。請感受素球的NONA細線＆描繪
麻葉的NONA線之間的對比，感受其間交錯變化之美。

No.58（紅色）‧繞線＝NONA細線（奶油色）
掛線＝NONA繡線（奶油色‧淺粉紅‧深粉紅）
No.59（藍色）‧繞線＝NONA細線（奶油色）
掛線＝NONA繡線（奶油色‧淺藍‧深藍色）
No.60（黃色）‧繞線＝NONA細線（奶油色）
掛線＝NONA繡線（奶油色‧淺橘色‧黃色）
／NONA

製作P.50‧51麻葉手鞠的材料套組。

No.58　**麻葉手鞠**（紅色）組

No.59　**麻葉手鞠**（藍色）組

No.60　**麻葉手鞠**（黃色）組

套組內容　　繞線用NONA細線（1色2個）‧掛線用NONA線（3色）稻糠‧
紙條‧薄紙‧針

NONA的草木色

洋蔥皮是優秀的染色材料，想呈現各種黃色時必不可少。
在此特選以洋蔥染出的奶油色NONA細線，與粉紅色、藍
色、黃色這些適合兒童的柔和色NONA線製作成套組。

SHOP　NONA
東京都杉並区西荻南 3-21-7
www.nonatemari.com　｜　ⓘ @nonatemari

51

製作之前
先看這裡！

可以觀看步驟1.至3.的作法影片。

手鞠～
素球的作法
https://youtu.be/FiQm93WszHM

手鞠
～決定北極・南極・赤道的作法
https://youtu.be/fctgodDtH5o

作法

No.58~60

作法 麻葉手鞠

※為了方便理解，在此更換繡線顏色。

1.製作素球

薄紙　　稻糠
1

把稻糠放在薄紙上。

圓周24cm／稻糠約42g
薄紙21cm×21cm

―工具・材料―

①書寫用具
②尺
③紙條30cm
（捲紙或裁剪成寬5mm的長條紙）
④針（手鞠用針或厚布用針9cm）
⑤珠針
⑥剪刀
⑦薄紙
⑧稻糠
⑨精油
・NONA細線
・NONA線

線・NONA細線1股（奶油色）
捲繞。
細線
4

將薄紙避免重疊地揉圓，並以手指壓住細線的一端，輕柔地開始纏繞底線。

3
包覆。

以薄紙包覆稻糠。

精油
2

依喜好在稻糠中添加精油。

5

隨機纏繞底線，形成如哈密瓜網眼般的紋路。並不時地以手掌搓圓。

北極

赤道

南極
9

素球完成。上方稱為北極、下方為南極，中心則稱作赤道。

針
8

拔針，線頭藏入素球中。

線頭
針
7

纏線完成之後，將針插在素球上，線頭穿過針眼。

緊密纏繞。
6

覆蓋薄紙八成左右後，開始將線捲得較緊。確認圓周約為24cm左右。捲至完全遮蓋薄紙。

2.決定北極・南極

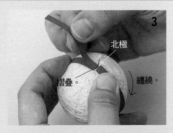
裁剪。
4

依步驟3的摺痕裁剪紙條。素球的圓周就測量出來了。

北極
摺疊。
纏繞。
3

紙條繞素球1周。與步驟2摺疊好的位置銜接，摺疊另一端。

北極
持手3cm
紙條
2

準備測量距離的紙條。紙條一端摺疊3cm（此處稱之為持手）。摺線放置於北極。

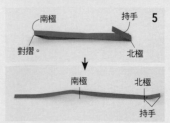
珠針
北極
1

隨機選定位置當作北極，插上珠針。北極、南極、赤道分別使用不同顏色的珠針，以便清楚辨別。

旋轉。
南極
纏繞。
8

沿赤道旋轉素球，重新捲上紙條，測量北極與南極之間幾處位置，一邊錯開步驟7的珠針位置，一邊決定正確的南極位置。

纏繞。
珠針
南極
紙條
7

將紙條捲在素球上，珠針刺入紙條的南極左側。

珠針
北極
紙條
6

暫時取下北極的珠針，紙條置於北極處，再次連同紙條刺入相同位置。

南極　　持手
對摺。
北極
南極　　北極
持手
5

持手保持摺疊狀態，將紙條對摺。步驟2摺疊的位置為北極，對摺處則為南極。

52

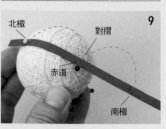

在紙條南北極之間對摺，找出赤道位置。再次將紙條捲在素球上，在赤道位置的左側刺入珠針。

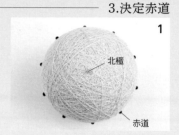

旋轉素球，採相同方式以紙條測量赤道位置。隨機在10個位置刺入珠針。

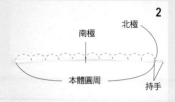

將步驟2.-5的紙條分10等分，並作記號。

紙條捲在步驟1標記的素球赤道上，將珠針重新刺入10等分記號位置。

4.分球

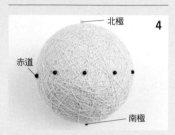

決定好北極＆南極，赤道也分成了10等分。

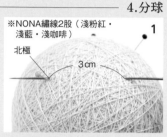

※NONA繡線2股（淺粉紅・淺藍・淺咖啡）

從距離北極3cm位置入針，從北極出針。

拔針，拉線直到線頭收入素球中。步驟1至2為起繡的基礎。

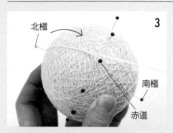

使線位於步驟1入針的相同側，以避免線鬆脫。在此統一通過赤道上的珠針右側。

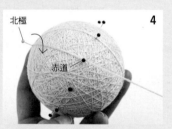

通過南極右側，回到北極。再通過北極右側，繞往步驟3左鄰的赤道右側。

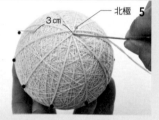

重複步驟4，分割為10等分。完成後，從北極左側入針，在距離3cm的位置出針並剪斷繡線。此為基本的完繡處理。

作出赤道。在赤道的分割線左側出針（刺繡起點）。

以步驟3相同方式，沿相同的刺針側繞赤道1周後，於6的分割線右側入針，進行完繡處理。

6.繡菱形　　　　　　　　　　　　　5.作2等分

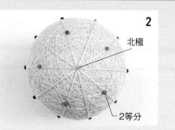

以紙條測量北極～赤道的長度，作2等分記號。以此紙條為依據，在北極～赤道的分割線2等分的位置刺入珠針。

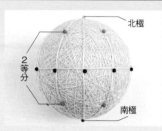

每隔一條分割線就分2等分。南極側也以相同方式，在相同分割線2等分的位置刺入珠針。

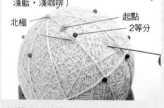

※NONA線2股（淺粉紅・淺藍・淺咖啡）

以2等分線的其中一條作起點，刺入作為依據的珠針。於北極側2等分線左側出針（刺繡起點）。

通過右鄰的分割線赤道右側。

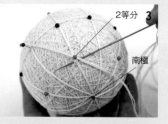

接著從右朝左，挑縫右鄰的南極側素球2等分線的位置。

穿過右鄰的赤道右側，接著朝右鄰北極側的2等分線，使線形成V字形。

從右朝左挑縫2等分線位置的素球。

7

菱形完成。

6

起點
2等分線

重複步驟**2**至**5**，繡2圈作出菱形。將針刺入起點2等分線的左邊，進行完繡處理。

北極
2

針刺入右側角的內側，於右上邊線一半的位置出針。

※NONA線2股
（淺粉紅‧淺藍‧淺咖啡）
北極
1
赤道
2等分線

在北極周圍的菱形繡米印A。北極朝上持球，於左側角內側（2等分線）出針（刺繡起點）。

北極
米印A
4

於右下邊線的中心刺入針，進行完繡處理。米印A完成。

北極
3

於左下邊線的中間刺入針，左上邊線一半的位置出針。

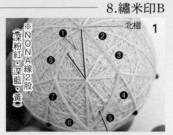

※NONA線2股（深粉紅‧深藍‧黃）
北極
1

在菱形與米印A形成的三角形中央繡米印B。於❶的中央出針（刺繡起點）。

北極
2

從❺刺入，❻出針。

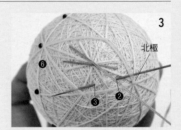

北極
3

從❷刺入，❸出針。

北極
4

從❼刺入，❽出針。

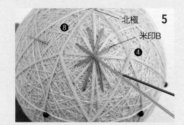

北極
米印B
5

刺入❹，進行完繡處理。米印B完成。

※NONA線2股（深粉紅‧深藍‧黃）
1

米印B

從米印B末端左側出針（刺繡起點）。

2

由右朝左，挑縫右鄰分割線角落的素球。

3

米印B

接著從右朝左，挑縫右鄰米印B末端的素球。

米印A
4

再於右鄰米印A末端，由右往左挑縫素球。

米印B
5

重複步驟**2**至**4**，從一開始的米印B末端右側刺入針，進行完繡處理。麻葉完成。

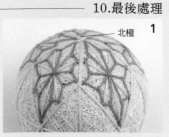

北極
1
赤道
南極

以相同方式，在北極側、南極側所有的菱形中，繡米印A‧B及麻葉。

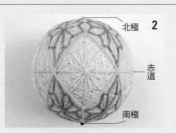

北極
2

赤道的菱形也同樣繡米印A‧B。
※NONA線2股（奶油色）

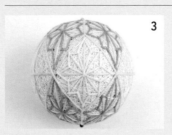

3

繡麻葉。
※NONA線2股（奶油色）

繡好所有菱形的米印A‧B、麻葉，就完成了！

54

將旅居求學時遇見的動植物，
繡成可愛生動的日常回憶吧！

Nordisk anteckningsbok

本書為日本人氣刺繡手作家——青木和子，
以北歐日常為主題出版的刺繡圖案集。

想起前往北歐學習刺繡的旅程，
遇見的人、事、物，
都是滿滿幸福的暖心回憶。

從青木老師眼裡的北歐生活，
幻化成各式各樣的可愛題材，
都充滿著濃濃的北歐氣息，
讀著文字，欣賞著繡圖，
讓人彷彿與她一同
再次遊歷了一次當地的人文風景：
可愛的特色器皿、獨有的當地植物、
早午茶的點心小食、
以色彩課程規劃的刺繡主題，
豐富的展現青木和子老師的玩心及創意！
書中亦收錄她在北歐生活時的許多珍貴收藏，
在刺繡學習的路上，收集的所有風景，
也都能成為最寶貴的手作靈感。

本書收錄基礎繡法、縫法，
初學者也能輕鬆上手實作，
在這無法隨心所欲旅行的時刻，
拾起針線，以手作的力量，
踏上無邊無際的刺繡漫旅！

內附紙型

青木和子的北歐刺繡手札

青木和子◎著
平裝96頁／彩色＋單色
定價420元

花藝 · 皮革 · 刺繡 · 布作

4 種獨具特色的
手作領域 × 手感創作胸針

簡單樸素的衣著或包包，
好像可以加點什麼點綴？
冬季裡厚重的外套與低調的色系，
想要一點點不一樣？
別上了胸針，
就算是同一件衣服，
也會散發出不同的味道與光采！

本書邀請活躍於手藝界＆創意市集的 4 位手
作家，
以不同的材質與想像，
演繹出身上最畫龍點睛的小飾物！

胸針小飾集
人氣手作家的自然風質感選品

林哲瑋 · 嬤嬤 · RUBY 小姐 · 月亮 Tsuki ◎著
平裝 128 頁／ 17.2cm × 18.2cm
彩色＋單色／定價 380 元

貼布縫創作女王——
Shinnie 第一本貼布縫圖案集

本書從「我喜歡……」的概念出發,與你分享Shinnie喜歡的日常點滴,

以針線與拼布的創作,將「喜歡」表現在貼布縫作品上,集結而成Shinnie的幸福小事記,

您可運用書中附錄的圖案別冊,參考全彩本的配色設計,應用在個人的手作品或是現有的布品。

本書貼心設計為一套兩書,內含全彩本收錄Shinnie以40組可愛生動的圖案創作貼布縫作品,

提供您在創作時的配色,並加入單色本的圖案別冊,讓您可以更方便的運用圖案,

創作自己喜愛的貼布作品,書中亦詳細介紹基本貼布縫技法、框物製作以及將圖案應用在手作物品的製作技巧,

Shinnie也將喜歡的事物繪製設計成個人風格的插畫,穿插於內頁,

讓您在手作之餘,也能一探她可愛逗趣的手作生活,喜歡Shinnie的粉絲,一定不能錯過!

在等待放晴的日子裡,
手作永遠都是能夠帶來陽光的力量,
將喜歡的小事,貼縫成幸福的模樣,
與Shinnie一起保持開心,來玩貼布縫吧!

Shinnieの貼布縫圖案集
我喜歡的幸福小事記

Shinnie ◎著

平裝全彩本 84 頁 + 單色本 84 頁
20cm×20cm ／定價 520 元

內含全彩本
＋
圖案附錄別冊

攝影＝回里純子　造型＝西森 萌

和布小物作家細尾典子，一起沉浸在季節感手作的連載。

本次是令人想製作的端午節掛飾。

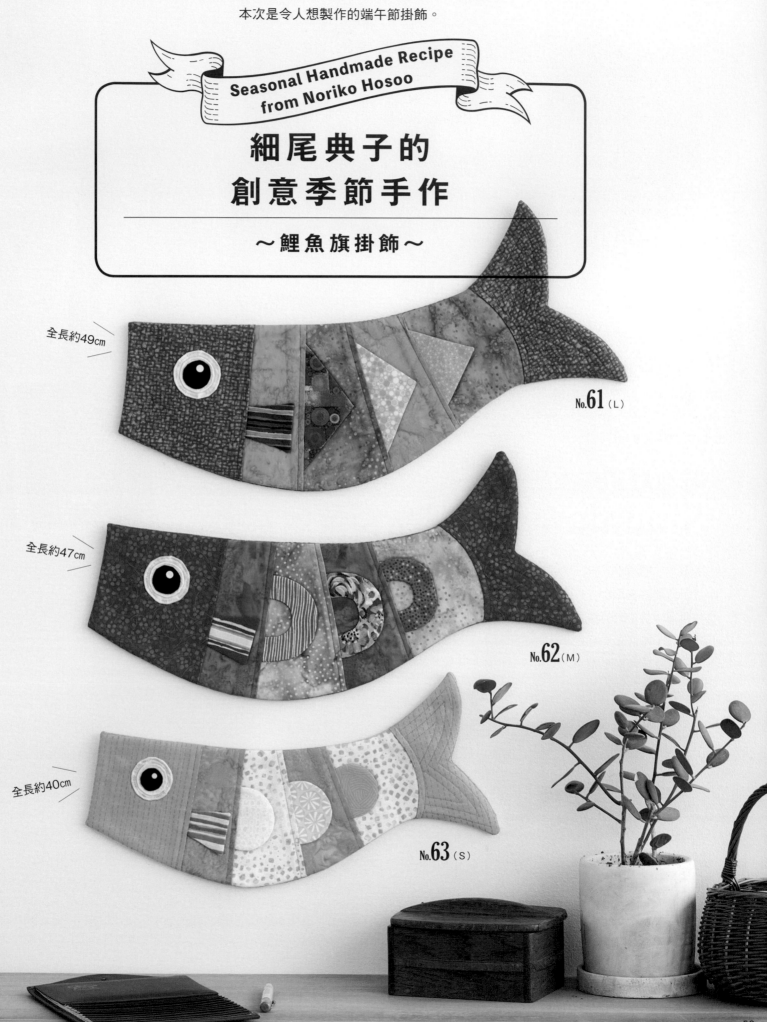

Seasonal Handmade Recipe from Noriko Hosoo

細尾典子的
創意季節手作

～鯉魚旗掛飾～

全長約49cm

No.61（L）

全長約47cm

No.62（M）

全長約40cm

No.63（S）

雖然在現代的都會生活中，最近已經愈來愈少見，但能暢遊在五月晴空中的鯉魚旗實在很棒！本期的鯉魚旗掛飾示範了L・M・S三種尺寸，但只作一隻也能帶出氣氛。請務必以中意的尺寸製作看看。

profile ——————————————

細尾典子

居住於神奈川縣。以原創設計享受日常小物製作的布小物作家。長年於神奈川縣東戶塚經營拼布・布小物教室。著作《かたちがたのしいポーチの本（暫譯：造型有趣的波奇包之書）》（Boutique社出版）中刊登了許多看起來愉快！作起來開心！的作品。

@norico.107

No.62

ITEM｜鯉魚旗M
作り方｜P.110

雖然無法高掛地飄揚於屋頂之上，但能夠暢遊於室內的鯉魚旗掛飾。以同色系布料拼接鯉魚旗是製作重點。

ITEM｜鬱金香花束束口袋（欣賞作品）

只要拉緊綁繩，就會形成宛如鬱金香花束的束口袋。是想連同鬱金香收納包一起成套擁有的春天設計。

ITEM｜鬱金香花束收納包（欣賞作品）

以機縫貼布繡繡上2朵鬱金香的橫式收納包。尺寸最適合放置眼鏡。

實踐良知生活的
手作提案

領巾的原貌！

79×79cm的正方形領巾。大膽的幾何學圖案
展現品牌感的時尚度。

No.64　ITEM｜領巾套頭衫
　　　　作　法｜P.113

活用市售布料難得一見的大膽圖案，
製作成僅於前身片使用領巾的套頭
衫。與針織布料組合搭配，亦可帶來
俐落的印象。

何不將重視物品＆其背後製造流程
的「良知消費」納入手作當中呢？
這次的焦點將放在使用機會逐漸
變少，快要成為衣櫥肥料的「領
巾」。以手作的魔力讓它重生吧！

領巾的原貌！

No.65　ITEM｜蝴蝶結髮圈
　　　　作　法｜P.109

活用薄領巾的輕柔質感，製作成有蝴蝶
結的髮圈。由於利用了領巾原有的拷
邊，成品質感非常漂亮。

85×85cm正方形領巾，帶有透薄雪紡材質的
設計。

攝影＝回里純子　造型＝西森 萌　妝髮＝櫻井優子　模特兒＝島野ソラ

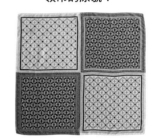

領巾的原貌！

70×70cm的正方形領巾。會因綁法改變樣貌的連續圖案非常時尚。

No.66 ITEM｜扁平肩背包
作 法｜P.111

剪下兩個連續圖案的一長條，製作成A4尺寸的布包。加上雞眼釦＆穿入真皮提帶作成的提把，呈現出宛如市售品般的效果。

領巾的原貌！

使用2條66×66cm的領巾。條紋圖案呈現復古俐落的印象。

No.67 ITEM｜吾妻袋
作 法｜P.99

常備一個在背包中，就相當方便的吾妻袋。因為是以領巾製作，輕巧又不易起皺，非常推薦。旅行時也十分好用。

艾蜜莉 *Kira* 包

Kira即日文閃亮的意思，

以艾蜜莉Line貼圖布料中的卡通閃亮色塊為靈感。

整體袋型為實用的馬鞍包款式，

利用布料取圖在袋型上增加口袋，讓袋物更具功能性，

透過繽紛色系的應用讓艾蜜莉系列有別以往更加新穎、清新。

攝影場地協助／臺灣喜佳股份有限公司
作品設計、製作、示範教學、作法文字提供／蔡昇老師
攝影／Muse Cat Photography吳宇童
採訪執行・企畫編輯／黃璟安

FLYING HIGH · COHEN   MACMILLAN

Introduction

師資介紹
蔡昇老師

現任

臺灣喜佳股份有限公司

縫紉才藝發展部才藝組長

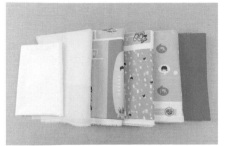

用布量及尺寸：（布幅寬 110cm）
袋身尺寸寬 26cm x 高 21cm x 側 7 cm
印花布：1 組
素帆布：1 尺

運用工具

布剪、線剪、縫份燙尺
#11 車針、#14 車針、方格尺
記號筆、錐子、強力夾、平待針
珠針、手縫針、手縫線、拆線器
縫份燙尺、萬用手夾鉗
撞釘磁釦模具

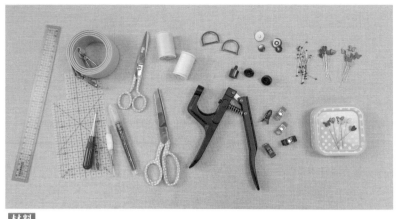

材料

艾蜜莉 Line 主題布料 1 組、11 號素帆布 1 尺、2.5cm D 型環 2 個
105cm 撞色背帶 1 條、輕挺襯 1 支、洋裁襯 1 碼、18mm 撞釘磁釦 1 對

裁布及燙襯說明 ※ 原寸紙型：D 面

① 表前袋身 1 片（燙輕挺襯不含縫份，後燙洋裁襯含縫份）
② 表後袋身 1 片（燙輕挺襯不含縫份，後燙洋裁襯含縫份）
③ 裡前袋身 -1 片
④ 裡後袋身 -1 片
⑤ 表袋蓋 -1 片（燙輕挺襯不含縫份，後燙洋裁襯含縫份）
⑥ 表袋蓋 U 型剪接裁片 -1 片（燙輕挺襯不含縫份，後燙洋裁襯含縫份）
⑦ 表袋蓋口袋 -2 片（圖案布燙輕挺襯不含縫份，後燙洋裁襯含縫份。裡袋布燙洋裁襯含縫份）

⑧ 底袋蓋 -1 片（燙洋裁襯含縫份）
⑨ 後袋身口袋 -2 片（其中一片燙輕挺襯不含縫份，後燙洋裁襯含縫份）
⑩ 表側袋身 -1 片（燙輕挺襯不含縫份，後燙洋裁襯含縫份）
⑪ 裡側袋身 -1 片
⑫ 耳絆 -2 片（7cm x 7cm）

使用機型

NV-1800Q

hOw tO make

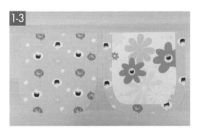 1-3

 1-2

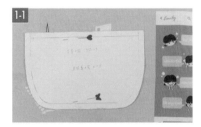 1-1

1 將紙型放於布料上取好圖案，依照裁布說明將裁片裁好，再依說明燙好輕挺襯及洋裁襯。
（裁布前可依個人喜好在表袋蓋口袋上刺繡裝飾增加豐富感）。

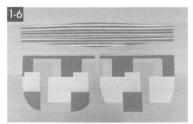 1-6

 1-5

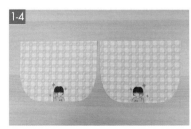 1-4

 2-3

 2-2

 2-1

2 依紙型於表前袋身及底袋蓋上畫出撞釘磁釦位置。使用萬用手夾鉗和撞釘磁釦模具，裝上 18mm 撞釘磁釦（表前袋身裝母釦，底袋蓋裝公釦）。

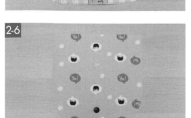 2-6

 2-5

 2-4

3 兩片表袋蓋口袋正面相對別好後車縫，翻回正面燙好，於袋口邊壓 0.2cm 臨邊線。將口袋固定於表袋蓋上，在縫份內壓車疏縫固定口袋和表袋蓋。

4 將表袋蓋 U 型剪接裁片與表袋蓋正面相對合，於兩圓弧處剪牙口，車縫 U 字。車完後整燙表袋蓋，縫份倒向 U 型裁片，以左針位於裁片邊壓車 0.2cm 固定縫份。

5 表袋蓋與底袋蓋正面相對別合，車縫 U 字，於兩邊圓弧處剪牙口，並將縫份修少。將袋蓋翻回正面並整燙平整。

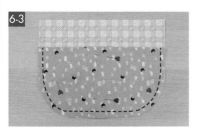 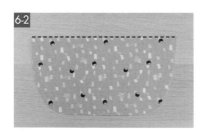 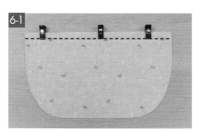

6 兩片後袋身口袋正面相對（作法如表袋蓋口袋），將後袋身口袋固定於表後袋身上，在縫份內壓車疏縫固定。

 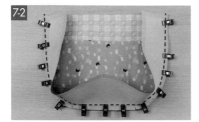 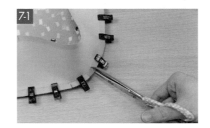

7 表袋身車縫：表側身與表袋身正面相對別合，於圓弧處剪牙口，車縫 U 字，後將縫份燙開。縫份倒側身於正面側身邊壓車 0.2cm 臨邊線。另一邊袋身作法相同（壓車臨邊線需注意左右針位的切換）。

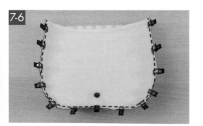  

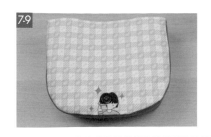

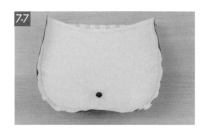

返口

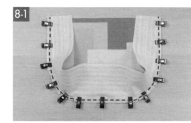

8 裡袋身車縫：裡側身與裡袋身正面相對別合，於圓弧處剪牙口，車縫 U 字，後將縫份燙開。第二片裡袋身與裡側身正面相對別合，於袋底處留約 13cm 返口，車縫至返口處停止，再從另端返口處開始車縫，將 U 字車縫完成，再將縫份燙開。

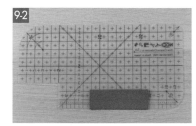

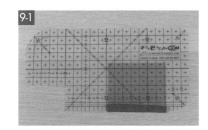

9 耳絆製作：使用縫份燙尺將耳絆上下邊摺燙 1cm，後再將耳絆對摺燙好。於耳絆兩側壓車 0.2cm 臨邊線，將 D 型環穿入耳絆中，後將耳絆置於表側身中間處，於縫份內車縫固定耳絆。使用強力夾將袋蓋與表後袋身正面相對別合。於縫份內疏縫固定。

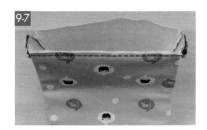

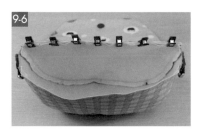

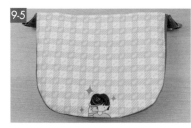

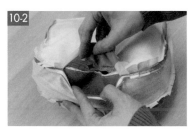

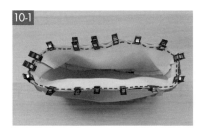

10 表、裡袋身接合：將表、裡袋身正面相對別合，車縫袋口縫份一圈，將袋口縫份倒向袋身，於袋口邊 0.2cm 壓車固定裡布。從裡袋身返口將整個袋物翻回正面，並以藏針縫方式縫合返口。

11 整燙袋物，裝上日本撞色背帶，即完成作品。

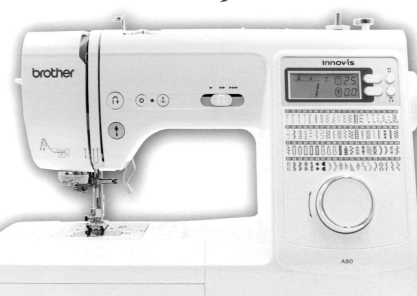

用愛心傳遞縫紉的溫暖

縫紉世界第一品牌
New Creative Collection for LIFE

♥ 薪火來相傳 裁縫小職人篇

伸興工業與臺灣喜佳、中華民國服裝甲級技術士協會、台南應用科技大學,以及來自12所偏鄉的60位學童及來自各地共60名服飾相關領域的志工老師們,3/6在台南應用科技大學舉辦縫紉刺繡技術傳承體驗活動,暨伸興工業縫紉機捐贈儀式。現場除教導相關裁縫技巧給學子,更由伸興工業捐出70台NCC品牌縫紉機、針線盒組,希望能啟發孩子們對於縫紉的興趣與喜愛,體驗裁縫之美,進而傳承縫紉刺繡藝術技能。

♥ 偏鄉做公益 長輩縫紉篇

臺灣喜佳與伸興工業、澳花部落文化健康站、WaCare平台合作,共同深入偏鄉,走入社區部落,豐富長輩們的休閒時光,讓生活更多元更有趣!

縫紉與健康一起來!為了讓長輩在縫紉作品之前,能對NCC品牌縫紉機有初步的認識,所以現場特別邀請臺灣喜佳老師進行指導教學。看到長輩們如此認真學習,真的好開心喔~想必都是收穫滿滿呀~

臺灣喜佳致力於推廣休閒縫紉文化不遺餘力,希望各位縫紉愛好者也能一同暢遊在縫紉、藝術、生活的世界裡。

⊕ 臺灣喜佳股份有限公司　http://www.cces.com.tw　客服專線:0800-050855

材料

表布（棉布）30cm×40cm／裡布（棉布）40cm×35cm
配布A（棉布）20cm×25cm／配布B（棉布）20cm×25cm
配布C（棉布）10cm×5cm／接著襯（中薄）50cm×30cm
尼龍拉鍊20cm 1條／25號繡線（紅・白）各適量
花式紗2種10cm／繩擋1個／鋁線10cm

3.安裝拉鍊

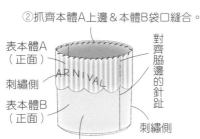

②抓齊本體A上邊＆本體B袋口縫合。

表本體A（正面）
刺繡側
表本體B（正面）
對齊脇邊的針趾
刺繡側

①本體B翻到正面。

④包夾拉鍊末端車縫。

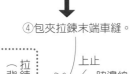

0.5
0.5
0.5
0.7 0.5
1
拉鍊尾片（背面）
上止
脇邊線

四邊的縫份摺向背面再對摺。

③以手縫在袋口加上拉鍊。

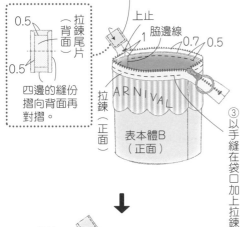

拉鍊（正面）
表本體B（正面）

⑤拉鍊前端夾入止縫點，縫合固定。

拉鍊（正面）
表本體A（正面）
表本體B（正面）

⑤拉鍊前端夾入止縫點，縫合固定。

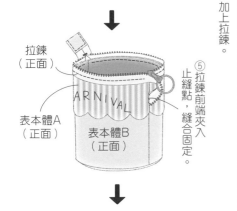

⑥穿過拉片，對摺並以接著劑固定。

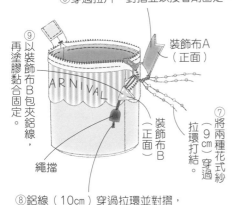

⑨以裝飾布B包夾鋁線，再塗膠黏合固定。
裝飾布A（正面）
裝飾布B（正面）
繩擋

⑦將兩種花式紗（9cm）穿過拉環打結。

⑧鋁線（10cm）穿過拉環並對摺，再穿入繩擋打結固定。

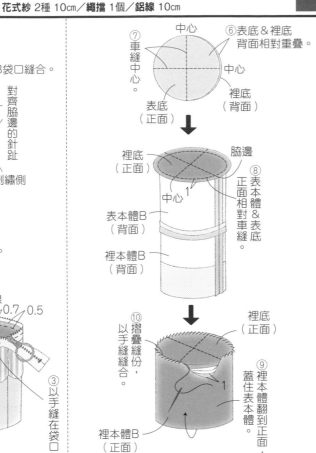

⑦車縫中心。
⑥表底＆裡底背面相對重疊。
中心
表底（正面）
裡底（背面）
中心

裡底（正面）
脇邊
表本體B（背面）
裡本體B（背面）
⑧表本體＆表底正面相對車縫。
中心

裡底（正面）
⑩摺疊縫份，以手縫縫合。
⑨裡本體翻到正面，蓋住表本體。
裡本體B（正面）

2. 製作表本體A

①在任一片表本體A上刺繡。
鎖鍊繡（參見「刺繡基礎講義」別冊P.22）

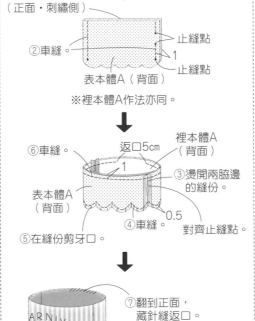

表本體A（正面・刺繡側）
②車縫。
表本體A（背面）
止縫點
1
止縫點
1

※裡本體A作法亦同。

⑥車縫。
返口5cm
裡本體A（背面）
表本體A（背面）
③燙開兩脇邊的縫份。
④車縫。
0.5
⑤在縫份剪牙口。
對齊止縫點。

⑦翻到正面，藏針縫返口。

※表・裡本體B、表・裡底與拉鍊尾片無原寸紙型，請依標示尺寸（已含縫份）直接裁剪。
※ ▨ 處需於背面燙貼接著襯。

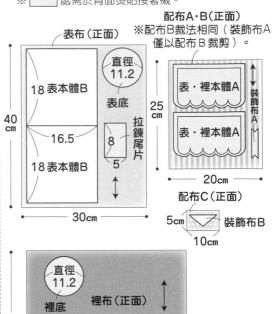

表布（正面）
40cm
18 表本體B
16.5
18 表本體B
30cm
直徑11.2
表底
8
5
拉鍊尾片

配布A・B（正面）
※配布B裁法相同（裝飾布A僅以配布B裁剪）。
表・裡本體A
表・裡本體A
裝飾布A
25cm
20cm

配布C（正面）
5cm
裝飾布B
10cm

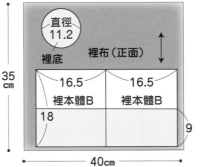

直徑11.2
裡底
裡布（正面）
35cm
16.5
裡本體B
16.5
裡本體B
18
9
40cm

1. 製作本體

繞線鎖鍊繡（參見「刺繡基礎講義」別冊P.24」）

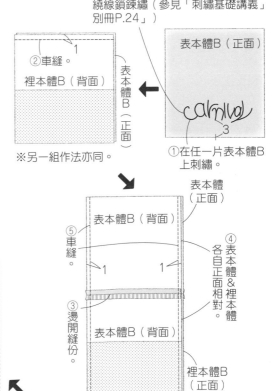

表本體B（正面）
1
②車縫。
裡本體B（背面）
表本體B（正面）
carnival
3
①在任一片表本體B上刺繡。

※另一組作法亦同。

表本體（正面）
表本體B（背面）
⑤車縫。
1
1
③燙開縫份
表本體B（背面）
④表自本正面與裡本相對
裡本體B（正面）

三層口袋波奇包

完成尺寸

寬16×長13×側身5cm

原寸紙型

無

材料

表布A・B（棉布）各20cm×35cm

表布C（棉布）20cm×50cm／裡布（棉布）40cm×50cm

接著襯（中薄）40cm×45cm

VISLON拉鍊 28cm 1條／鈕釦 2cm 5顆

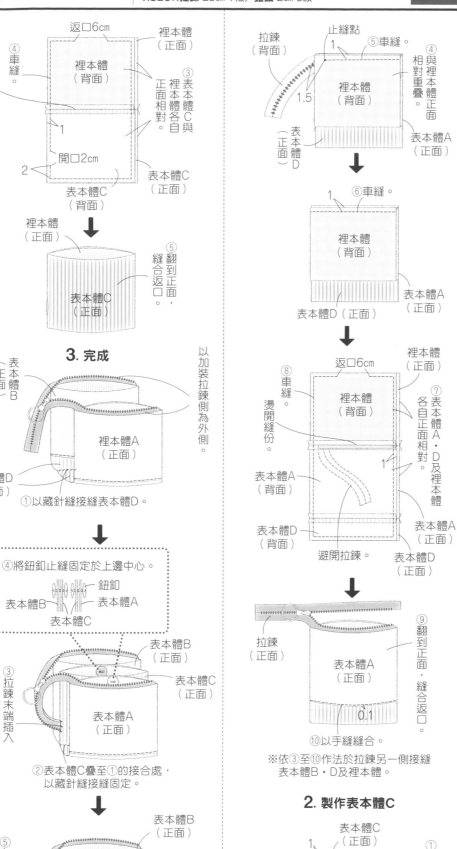

返口6cm

裡本體（正面）

裡本體（背面）

④車縫。

燙開縫份。

③表本體C與裡本體各自與正面相對。

1

開口2cm

2

表本體C（背面）

裡本體（正面）

表本體C（正面）

⑤縫合返口。

翻到正面，

3. 完成

表本體B（正面）

裡本體A（正面）

表本體D（正面）

以加裝拉鍊側為外側。

①以藏針縫接縫表本體D。

④將鈕釦止縫固定於上邊中心。

鈕釦

表本體B 表本體A

表本體C

表本體B（正面）

表本體C（正面）

表本體A（正面）

③縫合固定表本體C的開口，拉鍊末端插入表本體C的開口，

②表本體C疊至①的接合處，以藏針縫接縫固定。

表本體B（正面）

表本體C（正面）

表本體A（正面）

⑤縫在上邊開口鈕釦處。

拉鍊（背面）

止縫點

1

⑤車縫。

1.5

裡本體（背面）

表本體D（正面）

④與裡本體相對重疊。

表本體A（正面）

⑥車縫。

1

裡本體（背面）

表本體D（正面）

表本體A（正面）

返口6cm

裡本體（正面）

⑧車縫。

裡本體（背面）

燙開縫份。

⑦表本體A・D及裡本體各自正面相對。

表本體A（背面）

表本體D（正面）

避開拉鍊。

表本體A（正面）

表本體D（正面）

拉鍊（正面）

表本體A（正面）

0.1

⑨翻到正面，縫合返口。

⑩以手縫縫合。

※依③至⑩作法於拉鍊另一側接縫表本體B・D及裡本體。

2. 製作表本體C

表本體C（正面）

1

②車縫。

裡本體（背面）

①表本體C與裡本體正面相對。

表本體C（正面）

※另一組縫法亦同。

裁布圖

※標示尺寸已含縫份。

※ ▨ 處需於背面燙貼接著襯。

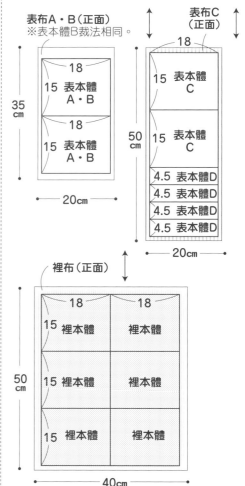

表布A・B（正面）

※表本體B裁法相同。

18
15 表本體 A・B
18
15 表本體 A・B

35cm

20cm

表布C（正面）

18
15 表本體 C
15 表本體 C
4.5 表本體D
4.5 表本體D
4.5 表本體D
4.5 表本體D

50cm

20cm

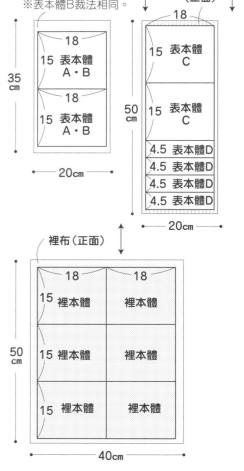

裡布（正面）

18	18
15 裡本體	裡本體
15 裡本體	裡本體
15 裡本體	裡本體

50cm

40cm

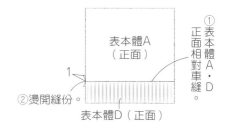

1. 製作表本體A・B

表本體A（正面）

1

①表本體A・D正面相對車縫。

②燙開縫份。

表本體D（正面）

※另一組表本體A・D及兩組表本體B・D作法亦同。

③暫時車縫固定。

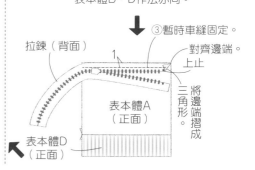

拉鍊（背面）

1

對齊邊端。

上止

表本體A（正面）

表本體D（正面）

將邊端摺成三角形。

完成尺寸	材料
直徑8×高3.4cm	表布A（棉布）40cm×10cm／表布B（棉布）40cm×10cm
原寸紙型	裡布（棉布）45cm×15cm／厚紙 30cm×10cm／鋪棉 20cm×10cm
無	鬆緊帶 寬0.5cm 10cm／捲尺 25cm／填充棉 適量
	雙開尼龍拉鍊 25cm 1條／透明膠帶芯（外徑8cm 高1.5cm）2個

3. 組裝本體

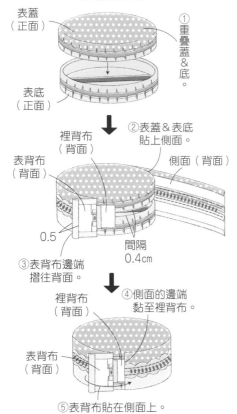

表蓋（正面）
表底（正面）
①重疊蓋&底。

裡背布（背面）
表背布（背面）
側面（背面）
0.5
②表蓋&表底貼上側面。
間隔0.4cm
③表背布邊端摺往背面。

裡背布（背面）
表背布（背面）
④側面的邊端黏至裡背布。

⑤表背布貼在側面上。

4. 裝上針插

①縮縫針插周圍。
0.5
針插（背面）

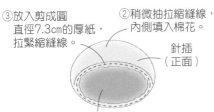

③放入剪成圓直徑7.3cm的厚紙，拉緊縮縫線。
②稍微抽拉縮縫線，內側填入棉花。
針插（正面）
圓直徑7.3cm厚紙

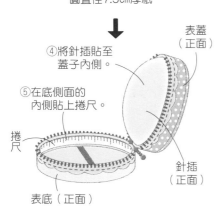

④將針插貼至蓋子內側。
⑤在底側面的內側貼上捲尺。
捲尺
表蓋（正面）
針插（正面）
表底（正面）

---

⑥鋪棉剪直徑8cm的圓，與裡底的厚紙面黏合。
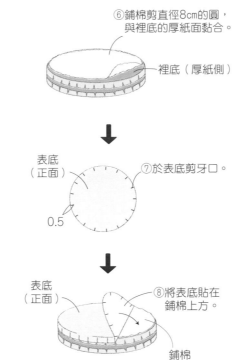
裡底（厚紙側）

表底（正面）
0.5
⑦於表底剪牙口。

表底（正面）
⑧將表底貼在鋪棉上方。
鋪棉

※表蓋&裡蓋作法亦同。

2. 製作側面

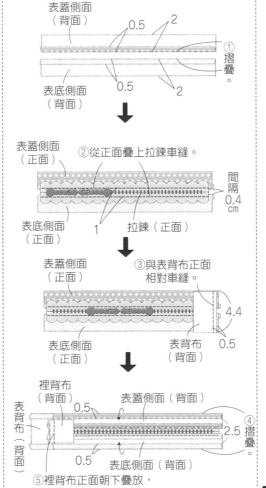

表蓋側面（背面）
0.5 2
①摺疊。
表底側面（背面）
0.5 2

表蓋側面（正面）
②從正面疊上拉鍊車縫。
間隔0.4cm
表底側面（正面）
1
拉鍊（正面）

表蓋側面（正面）
③與表背布正面相對車縫。
4.4
表底側面（正面）
表背布（背面）
0.5

裡背布（背面）
表蓋側面（背面）
0.5
表背布（背面）
④摺疊。
2.5
0.5
表底側面（背面）
⑤裡背布正面朝下疊放，沿③的針趾車縫。

裁布圖

※標示尺寸已含縫份。

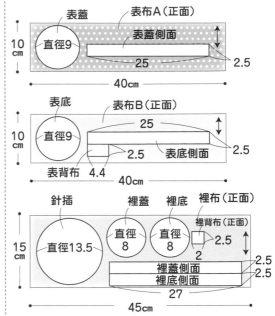

表蓋
表布A（正面）
10cm
直徑9
表蓋側面
25
2.5
40cm

表底
表布B（正面）
10cm
直徑9
25
2.5
表底側面
2.5
表背布 4.4
40cm

針插
裡蓋
裡底
裡布（正面）
15cm
直徑13.5
直徑8
直徑8
裡背布（正面）
2 2.5
裡蓋側面 2.5
裡底側面 2.5
27
45cm

1. 製作蓋&底

①剪牙口。
0.5
裡底側面（正面）
※裡蓋側面也同樣剪牙口。

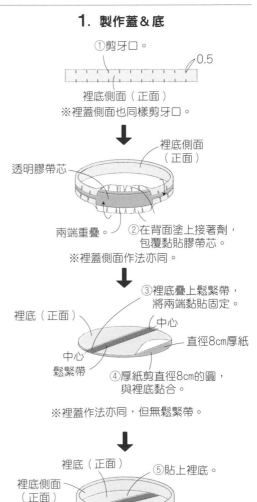

透明膠帶芯
裡底側面（正面）
兩端重疊。
②在背面塗上接著劑，包覆黏貼膠帶芯。
※裡蓋側面作法亦同。

裡底（正面）
③裡底疊上鬆緊帶，將兩端黏貼固定。
中心
直徑8cm厚紙
中心
鬆緊帶
④厚紙剪直徑8cm的圓，與裡底黏合。
※裡蓋作法亦同，但無鬆緊帶。

裡底（正面）
⑤貼上裡底。
裡底側面（正面）

※裡蓋作法亦同。

完成尺寸	材料	
寬11×長12cm	**表布A**（棉布）35cm×30cm／**表布B**（棉布）30cm×10cm	

完成尺寸

寬11×長12cm

原寸紙型

A面

材料

表布A（棉布）35cm×30cm／**表布B**（棉布）30cm×10cm
表布C（棉布）30cm×10cm／**配布A至C**（棉布）5cm×5cm
接著襯 20cm×20cm／**接著鋪棉** 30cm×20cm

P.07_ No.05

隔熱墊

裡本體（正面）

⑤暫時車縫固定。

⑥車縫。

表本體（背面）

返口 7cm

摺雙側

正提把

0.5

4

裡本體（正面）

★

1. 製作提把

③翻到正面。

②ミ車縫。

0.5

提把（正面）

提把（背面）

①對摺。

2. 製作本體

①車縫。 ②燙開縫份。

0.5

表本體B（正面）

表本體A（背面）

※表本體B・C縫法亦同。

表本體A（正面）

③以鎖鍊繡固定字母（參見「刺繡基礎講義」別冊P.22）

※另一片縫法亦同。

表本體C（正面）

表本體B（正面）

④燙貼接著鋪棉。

表本體（背面）

接著鋪棉

裡本體（背面）

1

1

※尺寸與裡本體相同。

※另一組燙貼方式亦同。

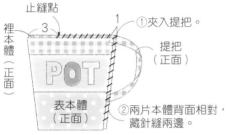

⑦翻到正面，藏針縫返口。

※再作一組，但不加字母＆提把。

3. 完成

止縫點

裡本體（正面）

3

1

①夾入提把。

提把（正面）

②兩片本體背面相對，藏針縫兩邊。

表本體（正面）

（裁布圖）

※提把無原寸紙型，請依標示尺寸（已含縫份）直接裁剪。
※□處需於背面燙貼接著襯。

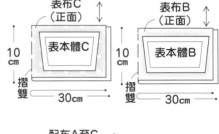

15
表布A（正面）
5 提把
★中心 2

表本體A

30cm

裡本體 裡本體

表本體A

35cm

表布C（正面）

10cm 表本體C 摺雙

30cm

表布B（正面）

10cm 表本體B 摺雙

30cm

配布A至C（正面）

5cm P 5cm

※字母O・T分別以配布B、C裁剪。

完成尺寸	材料

完成尺寸

寬約13×長13cm

原寸紙型

C面

材料

表布（平織布）40cm×25cm
裡布（平織布）40cm×25cm
塑膠四合釦 13mm 1組

P.15_ No.27

掀蓋波奇包

---

4. 安裝塑膠四合釦

裡後本體（正面）

②安裝塑膠四合釦（凸）。

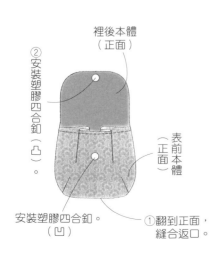

表前本體（正面）

安裝塑膠四合釦。（凹）

①翻到正面，縫合返口。

2. 製作前本體

③摺疊褶襉車縫。

0.2

表前本體（正面）

裡前本體（正面）

①車縫。

1

裡前本體（背面）

表前本體（背面）

②翻到正面。

3. 疊合表本體＆裡本體

1

裡後本體（正面）

裡前本體（正面）

表後本體（背面）

①車縫。

③車縫。

返口 6cm

表前本體（正面）

1

（裁布圖）

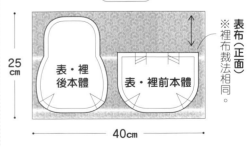

25cm

表・裡後本體

表・裡前本體

※裡布裁法相同。

表布（正面）

40cm

1. 車縫尖褶

①車縫尖褶，縫份倒向中心側。

表前本體（背面）

※表本體縫法亦同。
※裡本體＆裡前本體同樣縫尖摺，但縫份倒向脇邊側。

完成尺寸	材料（ ▨…緞帶・ ▩…插釦・ ▨…共用）
寬20×長25×側身10cm	表布（防水布）50cm×35cm
原寸紙型	配布（防水布）80cm×15cm／緞帶 寬1.5cm 170cm
無	鋁線 60cm
	塑膠插釦 寬1.5cm 1個

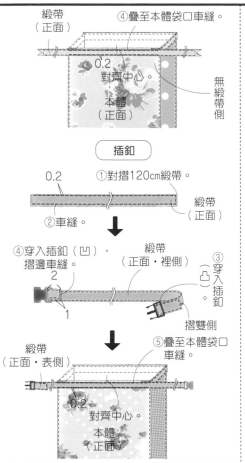

④疊至本體袋口車縫。
緞帶（正面）
0.2 對齊中心。
本體（正面）
無緞帶側

插釦

①對摺120cm緞帶。
0.2
②車縫。
緞帶（正面）

④穿入插釦（凹），摺邊車縫。
緞帶（正面・裡側）
③穿入插釦（凸）。
摺雙側

⑤疊至本體袋口車縫。
緞帶（正面・表側）
0.2 對齊中心。
本體（正面）

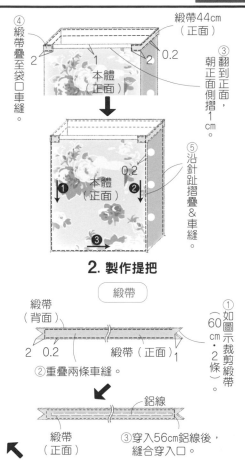

④緞帶疊至袋口車縫。
緞帶44cm（正面）
2 0.2
本體（正面）
③翻到正面側摺1cm。

⑤沿針趾摺疊&車縫。
本體（正面）
0.2
❸

2. 製作提把

緞帶

緞帶（背面）
2 0.2
緞帶（正面）1
②重疊兩條車縫。
①如圖示裁剪緞帶（60cm・2條）。

鋁線
緞帶（正面）
③穿入56cm鋁線後，縫合穿入口。

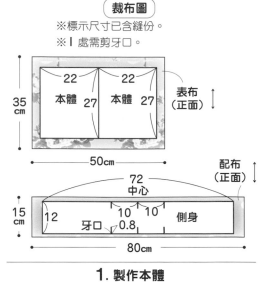

裁布圖
※標示尺寸已含縫份。
※丨處需剪牙口。

22		22
本體 27		本體 27

35cm
表布（正面）
50cm

配布（正面）
72 中心
15cm 12 10 10 側身
牙口 0.8
80cm

1. 製作本體

②依相同作法接縫另一片表布。
側身（背面）
1
①車縫。
另一側的另一邊也
展開牙口，對齊邊角完成線。

完成尺寸	材料
寬18×長8.5cm	表布（棉細平布）65cm×30cm
原寸紙型	裡布（平織布）25cm×20cm
A面	接著鋪棉（薄）20cm×20cm
	暗釦 10mm 1組

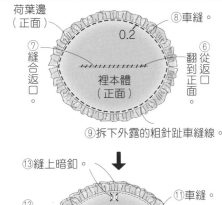

⑧車縫。
0.2
⑦縫合返口。
裡本體（正面）
⑥從返口翻到正面。

⑨拆下外露的粗針趾車縫線。

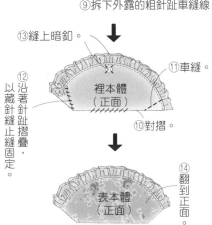

⑬縫上暗釦。
⑪車縫。
裡本體（正面）
⑩對摺。
⑫以藏針縫縫止縫固定，沿著針趾摺疊。

⑭翻到正面。
表本體（正面）

1. 製作本體

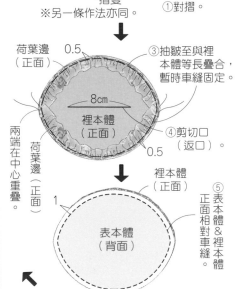

荷葉邊（正面）
②粗針趾車縫。（正面）
0.5 1.3
摺雙
①對摺。
※另一條作法亦同。

荷葉邊（正面）
0.5
8cm
裡本體（正面）
③抽皺至與裡本體等長疊合，暫時車縫固定。
④剪切口（返口）。
0.5
荷葉邊（正面）
兩端在中心重疊。

裡本體（正面）
1
表本體（背面）
⑤表本體＆裡本體正面相對車縫。

裁布圖
※荷葉邊無原寸紙型，請依標示尺寸（已含縫份）直接裁剪。
※ ▢ 處需於背面燙貼接著鋪棉。

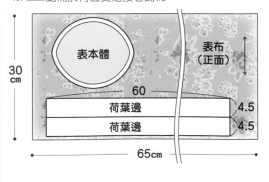

表本體
30cm
表布（正面）
60
荷葉邊 4.5
荷葉邊 4.5
65cm

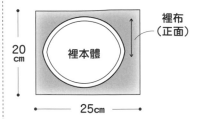

裡本體
20cm
裡布（正面）
25cm

完成尺寸	材料
寬11×長10×側身10cm	表布（平織布）40cm×30cm
	裡布（棉麻布）40cm×40cm
原寸紙型	接著鋪棉（薄）40cm×30cm
A面	魔鬼氈 寬1cm 10cm

P.08_ No.08
飯糰包

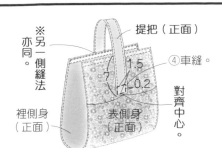

※亦另一側縫法同。

提把（正面）

1.5
7
1
0.2
④車縫。
對齊中心。

裡側身（正面）

表側身（正面）

3. 製作本體 & 接縫側身

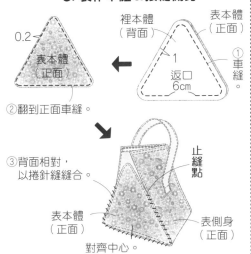

0.2
表本體（正面）

裡本體（背面）
1
返口6cm

①車縫。

②翻到正面車縫。

表本體（正面）
返口6cm

③背面相對，以捲針縫縫合。

③背面相對，以捲針縫縫合。

表本體（正面）

表側身（正面）

止縫點

對齊中心。

1. 製作提把

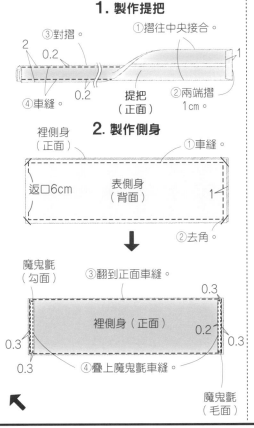

①摺往中央接合。

③對摺。
2
0.2

④車縫。
0.2

提把（正面）

②兩端摺1cm。

1

2. 製作側身

裡側身（正面）

①車縫。

表側身（背面）
返口6cm
1

②去角。

③翻到正面車縫。
0.3

魔鬼氈（勾面）

裡側身（正面）
0.2
0.3
0.3

0.3

④疊上魔鬼氈車縫。

魔鬼氈（毛面）

裁布圖

※除了表・裡本體之外無原寸紙型。請依標示尺寸（已含縫份）直接裁剪。

※ □ 處需於背面燙貼接著鋪棉。

※ Ｉ 處需剪牙口（止縫點）。

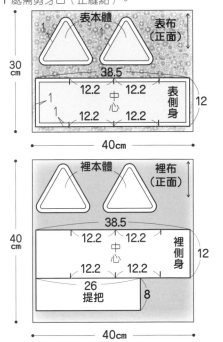

表本體
表布（正面）
30cm

38.5
12.2 12.2
中心
12.2 12.2
表側身
12
40cm

裡本體
裡布（正面）
40cm

38.5
12.2 12.2
中心
12.2 12.2
裡側身
12
26 提把
8
40cm

完成尺寸	材料
寬18×長19×側身9cm（提把18cm）	表布（平織布）40cm×30cm
	裡布（棉麻布）55cm×30cm
原寸紙型	接著鋪棉（薄）40cm×30cm
A面	

P.08_ No.07
悶燒罐手提袋

3. 製作裡本體

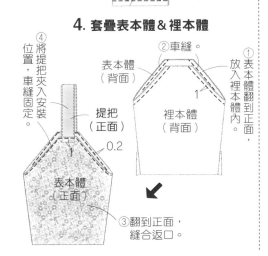

③依 2.-⑤⑥相同作法車縫。

①對摺。

裡本體（背面）
1
返口7cm

②車縫。
1

4. 套疊表本體 & 裡本體

④將提把夾入安裝位置，車縫固定。

②車縫。
表本體（背面）
1
裡本體（背面）

①放入表本體翻到正面，表本體翻到裡本體內。

提把（正面）
0.2

表本體（正面）

③翻到正面，縫合返口。

2. 製作表本體

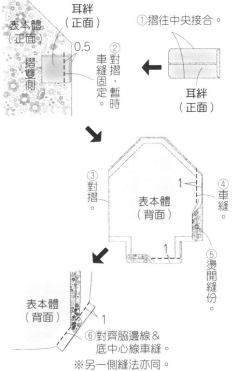

耳絆（正面）

表本體（正面）
摺雙側
0.5

①摺往中央接合。

②對摺，車縫固定，暫時。

耳絆（正面）

③對摺。
表本體（背面）
1

④車縫。

1

⑤燙開縫份

表本體（背面）
1

⑥對齊脇邊線 & 底中心線車縫。

※另一側縫法亦同。

裁布圖

※提把 & 耳絆無原寸紙型，請依標示尺寸（已含縫份）直接裁剪。

※ □ 處需於背面燙貼接著鋪棉。

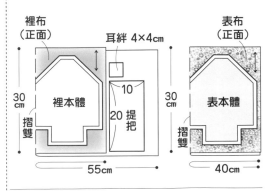

裡布（正面）
30cm
摺雙

裡本體

耳絆 4×4cm

10
20 提把

55cm

表布（正面）
30cm

表本體
摺雙

40cm

1. 製作提把

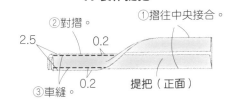

①摺往中央接合。

②對摺。
2.5
0.2
0.2

③車縫。

提把（正面）

完成尺寸	材料
約5.5cm	表布A（棉細平布）10cm×10cm 7片
原寸紙型	表布B（棉細平布）5cm×5cm 7片
無	珍珠串珠 直徑3mm 14顆
	填充棉 適量／髮圈 1條

P.08_ No.11 花朵髮圈

1. 製作花朵

①裁布。

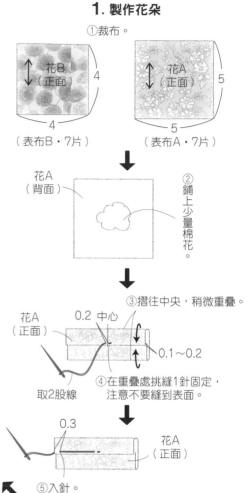

花B（正面）（表布B・7片）4
花A（正面）（表布A・7片）5

②鋪上少量棉花。
花A（背面）

③摺往中央，稍微重疊。
花A（正面） 0.2 中心 0.1～0.2
取2股線

④在重疊處挑縫1針固定，注意不要縫到表面。

0.3
花A（正面）

⑤入針。

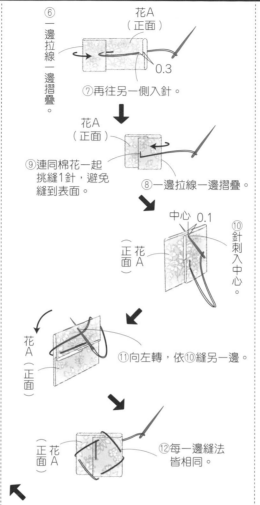

⑥一邊拉緊縫線一邊摺疊。
花A（正面） 0.3

⑦再往另一側入針。
花A（正面）

⑧一邊拉線一邊摺疊。

⑨連同棉花一起挑縫1針，避免縫到表面。

中心 0.1
（正面）花A
⑩針刺入中心。

⑪向左轉，依⑩縫另一邊。
花A（正面）

⑫每一邊縫法皆相同。
正面 花A

⑬穿入珍珠串珠，拉緊縫線。
花A（正面）

⑭從後側刺針，完全拉緊後打止縫結。

※花A・B各作7朵。

2. 整理組合

①取2股線穿針，串起7朵花A。

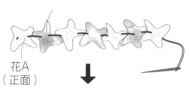

花A（正面）

②穿過髮圈，再穿回第1朵花A。
髮圈

③拉緊線整理花形，於隱蔽處整理花形，於隱蔽處打止縫結。
④花B作法亦同。

完成尺寸	材料（■…S・■…M・■…共用）
寬約8×長約8cm	表布（棉布）10cm×10cm 8片
寬約9×長約9cm	厚紙（約明信片厚度）20cm×10cm・25cm×10cm
原寸紙型	填充棉 適量
A面	

P.10_ No.16 六角形針插M・S

1. 製作部件

①裁布。

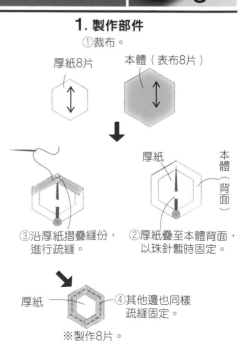

厚紙8片
本體（表布8片）

②厚紙疊至本體背面，以珠針暫時固定。
厚紙 本體（背面）

③沿厚紙摺疊縫份，進行疏縫。
厚紙

④其他邊也同樣疏縫固定。
※製作8片。

2. 製作表本體

②捲針縫。
表本體（背面）

①兩片本體正面相對。
本體（正面）

③如圖示配置，以捲針縫接縫各片。
本體（背面） 本體（正面）

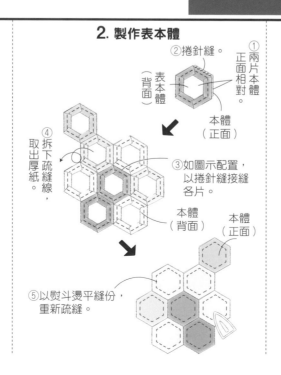

④拆下疏縫線，取出厚紙。

⑤以熨斗燙平縫份，重新疏縫。

3. 完成

①依(1)至(10)順序捲針縫。

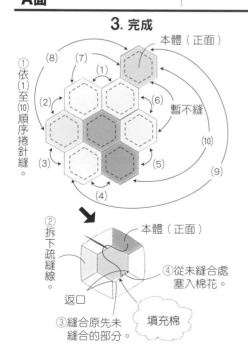

本體（正面）
(8) (7) (1)
(2) (6)
暫不縫
(3) (10)
(4) (5) (9)

②拆下疏縫線。
本體（正面）

返口
③縫合原先未縫合的部分。
④從未縫合處塞入棉花。
填充棉

完成尺寸	材料（■…No.13・■…No.14・■…共用）	P.09_No.**13**束口包

完成尺寸
寬20×長22×側身16cm
寬9×長10.5×側身8cm

原寸紙型
A面

材料（ ■…No.13・ ■…No.14・ ■…共用）
表布（11號帆布）70cm×30cm・30cm×15cm
配布（亞麻布）60cm×60cm・35cm×35cm
裡布（平織布）50cm×60cm・30cm×35cm
圓繩 粗0.5cm 190cm・100cm

P.09_ No.**13**束口包
P.09_ No.**14**沙包束口袋

裁布圖

※提把無原寸紙型，請依標示尺寸（已含縫份）
　直接裁剪。
※Ⅰ處需剪合印記號的牙口。

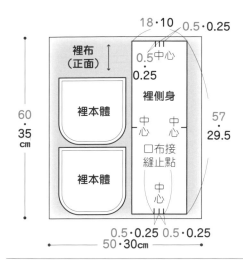

裡布（正面）
裡本體
裡本體
裡側身
0.5中心・0.25
18・10
0.5・0.25
60・35cm
57・29.5
中心
中心
□布接縫止點
中心
0.5・0.25　0.5・0.25
50・30cm

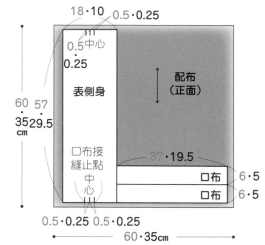

表側身
配布（正面）
0.5中心・0.25
18・10
0.5・0.25
60 57
35 29.5
cm
□布接縫止點
中心
37・19.5
口布 6・5
口布 6・5
0.5・0.25　0.5・0.25
60・35cm

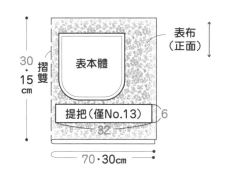

表布（正面）
表本體
30・15cm
摺雙
提把（僅No.13） 6
32
70・30cm

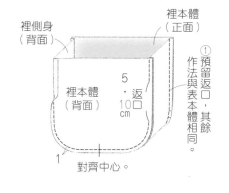

口布（正面）
口布（背面）
表本體（背面）
對齊中心。
③暫時車縫固定。
0.5
□布接縫止點
□布接縫止點
摺雙側
表本體（正面）

3. 製作裡本體

1. 製作表本體

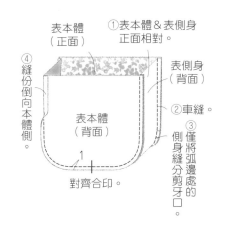

表本體（正面）
①表本體＆表側身正面相對。
表側身（背面）
④縫份倒向本體側。
②車縫。
③僅將弧邊處的側身縫分剪牙口。
表本體（背面）
1
對齊合印

裡側身（背面）
裡本體（正面）
5・返10口cm
①預留返口，其餘作法與表本體相同。
裡本體（背面）
1
對齊中心。

5. 套疊表本體＆裡本體

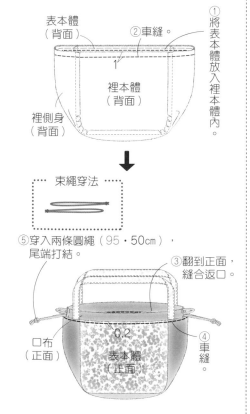

表本體（背面）
②車縫。
①將表本體放入裡本體內。
1
裡本體（背面）
裡側身（背面）

束繩穿法

⑤穿入兩條圓繩（95・50cm），尾端打結。

③翻到正面，縫合返口。
0.2
口布（正面）
表本體（正面）
④車縫。

4. 接縫口布

0.5
口布（背面）
0.2
①依0.5cm→0.5cm寬度
三摺邊車縫。

口布（正面）
②對摺。

※另一片作法亦同。

2. 接縫提把（僅No.13）

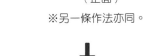

②對摺。
①摺往中央接合。
1.5
0.2
③車縫。
0.2
提把（正面）

※另一條作法亦同。

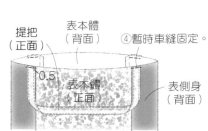

提把（正面）
表本體（背面）
④暫時車縫固定。
0.5
表本體（正面）
表側身（背面）

完成尺寸

寬21×長20×高7cm

原寸紙型

C面

材料

表布（棉布）各15cm×15cm 6片

表布（棉布）40cm×40cm

厚紙 40cm×40cm

1. 裁布

①裁布。

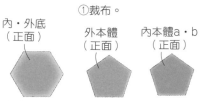

內・外底（正面）（裡布・各1片）

外本體（正面）（裡布・6片）

內本體a・b（正面）（表布・各3片）

底厚紙 2片　　本體厚紙 12片

2. 製作部件

【內本體a・外本體】

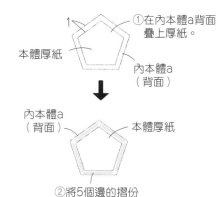

①在內本體a背面疊上厚紙。

1　本體厚紙　內本體a（背面）

內本體a（背面）　本體厚紙

②將5個邊的摺份塗上接著劑。

③沿著厚紙摺疊＆黏貼摺份。

1　本體厚紙　內本體a（正面）

※另外3片內本體a與6片外本體作法亦同。

【內本體b】

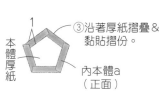

內本體b（背面）　本體厚紙

1

④內本體b除了脇邊之外，將其餘3邊的摺份塗上接著劑。

⑤沿著厚紙摺疊＆黏貼3邊的摺份。

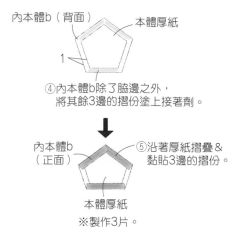

內本體b（正面）　本體厚紙

※製作3片。

4. 製作內本體

②捲針縫。

內本體a（背面）

內底（正面）

①內本體a正面相對。

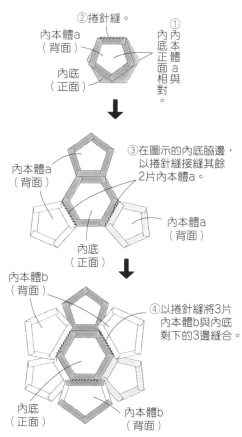

內本體a（背面）

③在圖示的內底脇邊，以捲針縫接縫其餘2片內本體a。

內本體a（背面）

內底（正面）

內本體b（背面）

④以捲針縫將3片內本體b與內底剩下的3邊縫合。

內底（正面）　內本體b（背面）

5. 疊合外本體＆內本體

①將內本體放入外本體內。

內本體（正面）

★＝內本體b

外本體（背面）

②黏合內底＆外底。

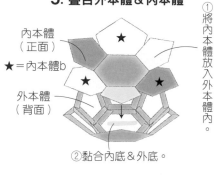

③將內本體b未黏貼的邊與外本體貼合。

對齊角。

外本體（背面）

避開內本體a。

★＝內本體b

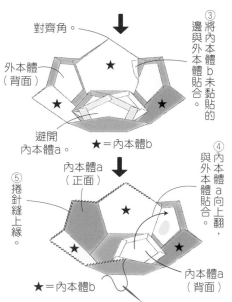

④內本體a向上翻，與外本體a貼合。

內本體a（正面）

⑤捲針縫上緣。

內本體a（背面）

★＝內本體b

3. 製作外本體

②捲針縫。

外本體（背面）

外底（正面）

①外底＆外本體正面相對。

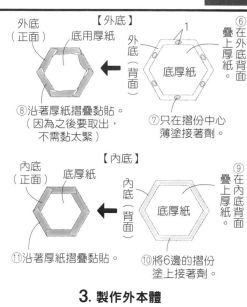

外本體（背面）

③兩片外本體與圖示的外底脇邊捲針縫。

外底（背面）　外本體（背面）

④外底的另外3邊也以捲針縫連接3片外本體。

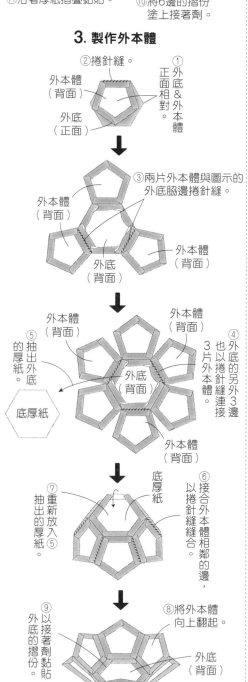

外本體（背面）

⑤抽出外底的厚紙。

外底（背面）

底厚紙

⑥以捲針縫縫合外本體相鄰的邊，接合外本體相接合。

⑦重新放入抽出的厚紙⑤。

底厚紙

⑧將外本體向上翻起。

⑨以外底接著的摺份黏貼。

外底（背面）

【外底】

外底（正面）　底用厚紙

①外底背面疊上厚紙。

外底（背面）　底厚紙

⑧沿著厚紙摺疊黏貼。（因為之後要取出，不需黏太緊）

⑦只在摺份中心薄塗接著劑。

【內底】

內底（正面）　底厚紙

⑨在內底背面疊上厚紙。

內底（背面）　底厚紙

⑪沿著厚紙摺疊黏貼。

⑩將6邊的摺份塗上接著劑。

完成尺寸	材料
直徑21cm（提把18cm）	表布（棉布）40cm×30cm／配布A（棉布）20cm×15cm／配布B（棉布）25cm×30cm 配布C（不織布）20cm×20cm／裡布（棉布）20cm×30cm Decovil接著襯 15cm×25cm／接著鋪棉 25cm×25cm／織帶 寬0.7cm 40cm 塑膠四合釦 13mm 1組／繡線 各色適量／厚紙 25cm×25cm
原寸紙型 A面	

P.10_ No.15 針線包

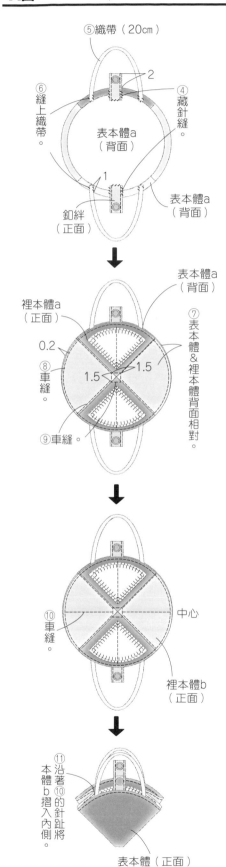

⑤織帶（20cm）
② ④藏針縫。
⑥縫上織帶。
表本體a（背面）
①
釦絆（正面）
表本體a（背面）
1

⑦表本體&裡本體背面相對。
裡本體a（正面）
表本體a（背面）
0.2
⑧車縫。
1.5　1.5
⑨車縫。

⑩車縫。
中心
裡本體b（正面）

⑪沿著⑩的針趾將本體b摺入內側。
表本體（正面）

2. 製作裡本體

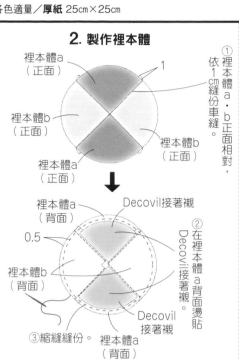

裡本體a（正面）　1
裡本體b（正面）
裡本體a（正面）
裡本體b（正面）
①裡本體a・b正面相對，依1cm縫份車縫。

裡本體a（背面）
0.5
裡本體b（背面）
Decovil接著襯
②在裡本體a背面燙貼Decovil接著襯。
③縮縫縫份。
裡本體a（背面）
Decovil接著襯

⑤拉緊縮縫線。
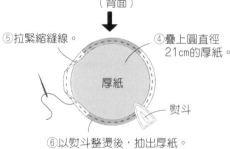
厚紙
熨斗
④疊上圓直徑21cm的厚紙。
⑥以熨斗整燙後，抽出厚紙。

⑦釦眼繡。（參見「刺繡基礎講義」別冊P.20）
針插A・B
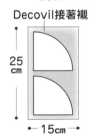

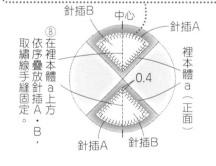
針插B　中心　針插A
裡本體a（正面）
0.4
⑧在裡本體a上方依序疊放針插A・B，取繡線手縫固定。
針插A　針插B

3. 疊合表本體&裡本體

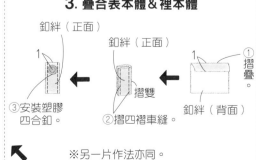
釦絆（正面）
釦絆（正面）
釦絆（正面）
1　1
摺疊
摺雙
釦絆（背面）
①摺疊。
②摺四褶車縫。
③安裝塑膠四合釦。

※另一片作法亦同。

裁布圖

※釦絆無原寸紙型，請依標示尺寸（已含縫份）直接裁剪。

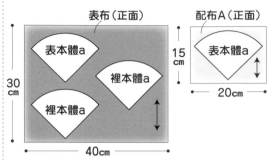

表布（正面）
表本體a
裡本體a
裡本體a
30cm
40cm

配布A（正面）
表本體a
15cm
20cm

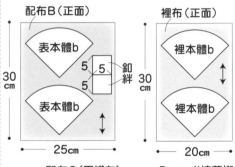

配布B（正面）
表本體b
表本體b
30cm
5　5
5
釦絆
25cm

裡布（正面）
裡本體b
裡本體b
30cm
20cm

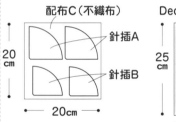

配布C（不織布）
針插A
針插B
20cm
20cm

Decovil接著襯
25cm
15cm

1. 製作表本體

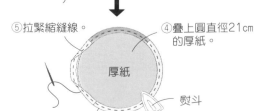

表本體a（正面）
表本體b（正面）
表本體a（正面）
表本體b（正面）
①表本體a・b正面相對，依1cm縫份車縫。

表本體（背面）
0.5
1
②將接著鋪棉剪成直徑21cm的圓，貼至表本體背面。
③縮縫縫份。

⑤拉緊縮縫線。
厚紙
熨斗
④疊上圓直徑21cm的厚紙。
⑥以熨斗整燙後，抽出厚紙。

完成尺寸

寬約12×長10cm

原寸紙型

C面

材料

表布（平織布）50cm×20cm

接著鋪棉 15cm×10cm

珍珠串珠 直徑4mm 12顆

填充棉 適量／釣魚線 10cm

---

3. 組裝

①以釣魚線穿串10顆珍珠，圍脖子一圈，打兩次結固定。

②將兩端釣魚線回穿數顆串珠，藏線後剪斷。

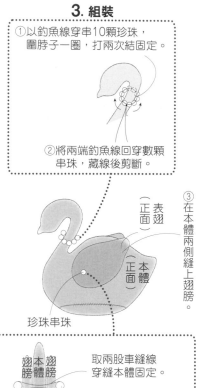

③在本體兩側縫上翅膀。

表翅（正面）

本體（正面）

珍珠串珠

取兩股車縫線穿縫本體固定。

翅膀本體翅膀

珍珠串珠

正面

以筷子等細長棒子將少許棉花塞入頭部。

④翻到正面。

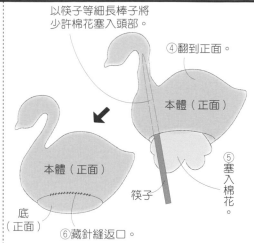

本體（正面）

本體（正面）

底（正面）

⑤塞入棉花。

筷子

⑥藏針縫返口。

2. 製作翅膀

③翻到正面。

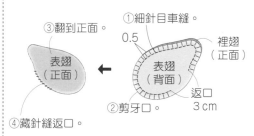

①細針目車縫。

0.5

表翅（正面）

表翅（背面）

裡翅（正面）

返口 3cm

②剪牙口。

④藏針縫返口。

※另一組作法亦同。

裁布圖

※ ▨ 處需沿著背面完成線燙貼接著鋪棉（僅表翅）。

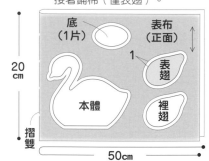

底（1片）

表布（正面）

20cm

1

表翅

本體

裡翅

摺雙

50cm

1. 製作本體

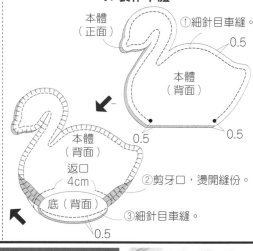

本體（正面）

①細針目車縫。

0.5

本體（背面）

0.5

0.5

本體（背面）

返口 4cm

②剪牙口，燙開縫份。

底（背面）

③細針目車縫。

0.5

完成尺寸

寬11×長23至27.5cm

原寸紙型

C面

材料

表布A至C（棉布）各30cm×25cm

表布D（棉布）40cm×20cm

接著鋪棉 50cm×60cm

塑膠四合釦 13mm 1組

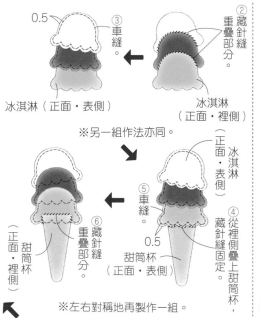

0.5

③車縫。

②藏針縫重疊部分。

冰淇淋（正面・表側）

冰淇淋（正面・裡側）

※另一組作法亦同。

⑤車縫。

0.5

⑥藏針縫重疊部分。

甜筒杯（正面・裡側）

④從裡側疊上甜筒杯藏針縫固定。

甜筒杯（正面・表側）

冰淇淋（正面・表側）

※左右對稱地再製作一組。

⑥翻到正面，縫合返口。

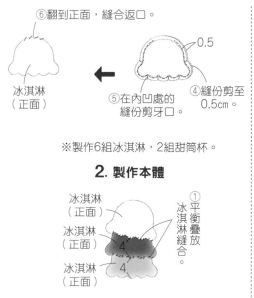

0.5

冰淇淋（正面）

⑤在內凹處的縫份剪牙口。

0.5

④縫份剪至0.5cm。

※製作6組冰淇淋，2組甜筒杯。

2. 製作本體

冰淇淋（正面）

①平衡疊放冰淇淋縫合。

冰淇淋（正面）

4

冰淇淋（正面）

4

※另一組作法亦同。

No.19三球

1. 製作冰淇淋＆甜筒杯

①裁布。

甜筒杯

冰淇淋

表布D（4片）

表布A至C（各4片）

返口

③預留返口兩片正面相對車縫。

返口5cm

甜筒杯（正面）

1

1

冰淇淋（正面）

甜筒杯（背面）

②燙貼接著鋪棉（僅1片）。

冰淇淋（背面）

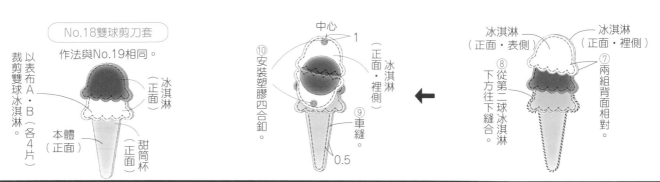

No.18雙球剪刀套

作法與No.19相同。

以表裝布A・B（各4片）裁剪雙球冰淇淋。

冰淇淋（正面）
本體（正面）
甜筒杯（正面）

中心
1
⑩安裝塑膠四合鈕。
（正面）
冰淇淋（正面・裡側）
⑨車縫。
0.5

←

冰淇淋（正面・表側）　冰淇淋（正面・裡側）
⑧從第三球冰淇淋下方往下縫合。
⑦兩組背面相對。

完成尺寸	材料	
寬17.5×長12.8×側身7cm	**表布**（平織布）25cm×40cm／**裡布**（平織布）50cm×50cm	P.13_ No.**22**
原寸紙型	**配布A**（平織布）30cm×15cm／**配布B**（平織布）25cm×15cm	**箱型口金盒**
C面	**配布C**（平織布）10cm×10cm／**接著襯**（薄）50cm×50cm	
	接著鋪棉（薄）50cm×50cm／**包鈕** 3.8cm 1顆	
	箱型口金（寬17.5cm×高13cm）1組	

5. 套疊表本體＆裡本體

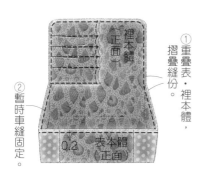

裡本體（正面）
①重疊表・裡本體，摺疊縫份。
②暫時車縫固定。
0.2
表本體（正面）

6. 安裝口金

①在口金溝槽塗膠，以尖錐將本體推入溝槽。
②以尖錐將紙繩推入溝槽。
對齊中心。

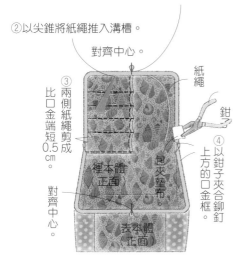

紙繩
③兩側紙繩比口金端短剪成0.5cm。
④以鉗子夾合鉚釘。
上方的口金框。
鉗子
裡本體正面
包夾墊布
對齊中心。
表本體正面

※另一側也以相同作法安裝口金。

2. 製作表側身

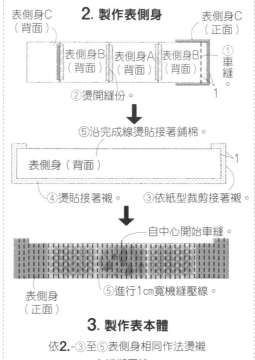

表側身C（背面）
表側身B（背面）　表側身A（背面）　表側身B（背面）
表側身C（正面）
①車縫。
1
②燙開縫份。

⑤沿完成線燙貼接著鋪棉。

表側身（背面）
1
④燙貼接著襯。　③依紙型裁剪接著襯。

自中心開始車縫。

表側身（正面）
⑤進行1cm寬機縫壓線。

3. 製作表本體

依2.-③至⑤表側身相同作法燙襯＆機縫壓線。

4. 接縫側身

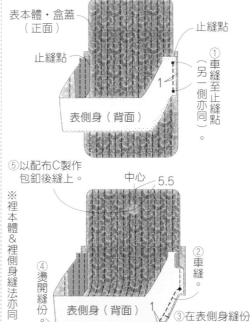

表本體・盒蓋（正面）
止縫點
止縫點
①車縫至止縫點（另一側亦同）。
1
表側身（背面）

⑤以配布C製作包鈕後縫上。
中心
5.5
※裡本體＆裡側身縫法亦同。
④燙開縫份。
②車縫。
1
表側身（背面）
③在表側身縫份上剪牙口。

裁布圖

※表側身A至C無原寸紙型，請依標示尺寸（已含縫份）直接裁剪。
※▨處需於整個背面燙貼接著襯，　□處沿背面完成線再疊燙接著鋪棉。

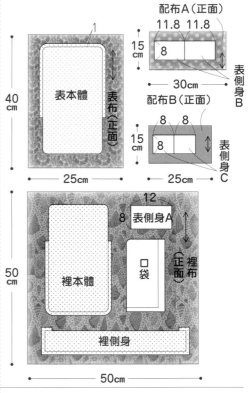

1
表本體
表布（正面）
40cm
25cm

配布A（正面）
11.8　11.8
8
15cm
30cm
配布B（正面）
8　8
8
15cm
25cm
表側身B
表側身C

12
8
表側身A
裡本體
口袋
裡布（正面）
50cm
裡側身
50cm

1. 接縫口袋

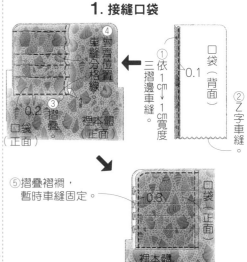

④對齊位置車縫分格線。
①依1cm三摺邊車縫。
0.1
口袋（背面）
②Z字車縫。
③摺疊
0.2
口袋（正面）
1
裡本體（正面）

⑤摺疊褶襉，暫時車縫固定。

0.3
口袋（正面）
裡本體（正面）

完成尺寸	材料
寬20×長12×側身4cm	表布A（棉布）30cm×15cm／表布B（棉布）15cm×15cm

完成尺寸
寬20×長12×側身4cm

原寸紙型
C面

材料
表布A（棉布）30cm×15cm／表布B（棉布）15cm×15cm
表布C（棉布）15cm×10cm 2片／表布D（棉布）15cm×15cm 2片
配布（棉布）10cm×10cm／裡布（棉布）25cm×30cm
接著鋪棉 25cm×30cm／VISLON拉鍊 30cm 1條
人字帶 寬0.7cm 40cm／已燙縫份滾邊條 寬2cm 95cm
包釦 1.5cm 4顆／25號繡線（橘色）適量

P.11_ No.20 裁縫包

---

4. 安裝拉鍊＆完成

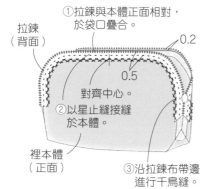

①拉鍊與本體正面相對，於袋口疊合。
0.2
0.5
對齊中心。
②以星止縫接縫於本體。
③沿拉鍊布帶邊進行千鳥縫。

拉鍊（背面）
裡本體（正面）

❶出 ❷入 ── 0.2
星止縫

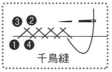
❸ ❷
❶ ❹
千鳥縫

⑤接縫。
提把（織帶20cm・2條）
中心
3
4 4
④翻到正面。
表本體（正面）

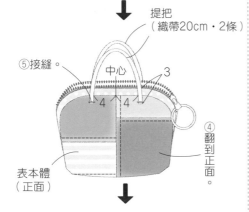

⑥製作包釦。
包釦（背面・凹側）
0.5
（背面）
包釦用布（正面）
直徑3.5
（配布・4片）
❶裁布。
❷沿邊縮縫，放入包釦拉緊縫線。
※製作4顆。

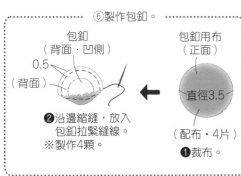

⑦縫上包釦。
1
包釦（正面）
表本體（正面）

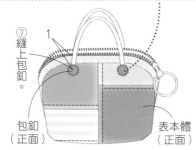

---

3. 製作本體

①表本體＆裡本體背面相對，暫時車縫固定。
0.5
③以繡線壓線。
0.4
②配合裡本體修剪。
表本體（正面）
裡本體（背面）

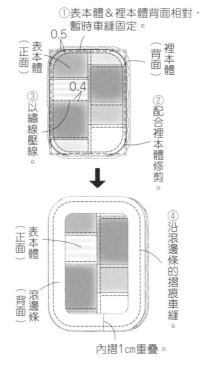

④沿滾邊條的摺痕車縫。
表本體（正面）
滾邊條（背面）
內摺1cm重疊。

滾邊條（正面）
裡本體（正面）
⑥以滾邊條包捲縫份，手縫固定於裡本體。

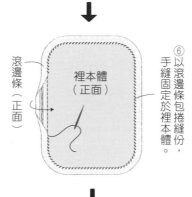

⑧捲針縫兩脇邊
6.5　6.5
裡本體（正面）
⑦正面相向對摺。

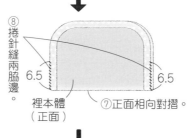

脇邊
裡本體（正面）
脇邊
4
裡本體（正面）
⑩沿針趾向上翻摺，固定於裡本體。
⑨對齊脇邊線＆底中心線車縫。

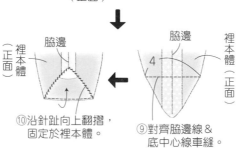

※另一側縫法亦同。

---

1. 裁布

①裁布。
※除了裡本體之外無原寸紙型，請依標示尺寸（已含縫份）直接裁剪。

表本體B（表布B・2片）
5
11

表本體A（表布A・2片）
12
11

表本體D（表布D・2片）
9
11

表本體C（表布C・2片）
8
11

②在背面燙貼接著鋪棉
裡本體（裡布・1片）
接著鋪棉

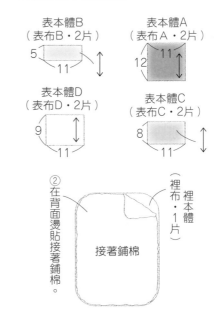

---

2. 製作表本體

表本體D（正面）
表本體C（正面）
表本體A（正面）
表本體B（正面）

表本體B（正面）
表本體A（正面）
表本體C（正面）
表本體D（正面）
1

①表本體A至C正面相對，預留1cm縫份縫合。縫份倒向箭頭方向。

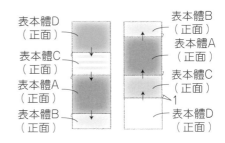

表本體（正面）
②正面相對依1cm縫份縫合，縫份倒向箭頭方向。
1

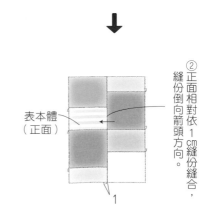

三角拼接肩背包

完成尺寸
寬22×長18cm

原寸紙型
C面

材料
表布（棉布）10cm×45cm／**配布A・B**（棉布）45cm×15cm 各1片
配布C（棉布）45cm×35cm／**配布D**（棉布）15cm×10cm
裡布（棉布）50cm×20cm
波奇包專用成形芯（特大）21cm×18cm 各2片／平織帶 寬0.8cm 10cm
已燙縫份滾邊條 寬2cm 180cm／碼裝拉鍊 55cm 1條／拉鍊頭 1個
附問號鉤肩背帶 1條／包釦 3cm 2顆

3. 疊合本體

表本體（正面） 1.5
摺雙側　摺雙側
吊耳（正面）
2　2
1.5
①對摺平織帶（4cm）。
②止縫。

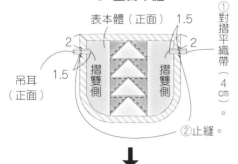

表本體（正面）
③兩片本體正面相對重疊。
④捲針縫。
⑤翻到正面。
1
止縫點（僅單側）
裡本體（正面）

⑥參見P.80 4.-①至③安裝拉鍊。

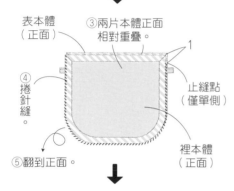

⑦裝上拉鍊頭。
對齊中心。
正面・碼裝拉鍊 52cm
止縫點側
表本體（正面）

⑧以配布剪兩片圓直徑5cm的布片，參見P.80 4.-⑥製作兩顆包釦。

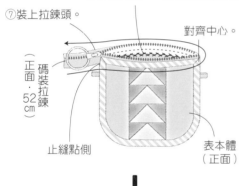

拉鍊（背面）
2　1
⑨摺疊拉鍊尾端，以包釦包夾固定。

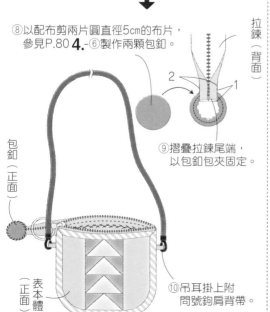

包釦（正面）
表本體（正面）
⑩吊耳掛上附問號鉤肩背帶。

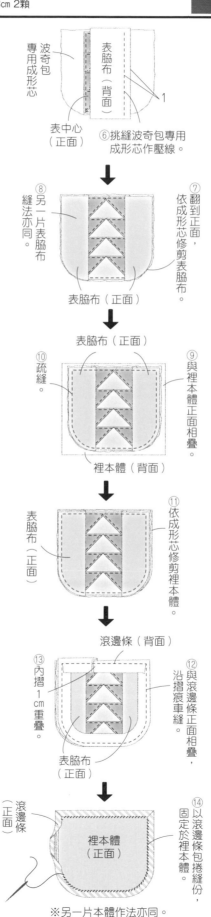

波奇包專用成形芯
表脇布（背面）
1
表中心（正面）
⑥挑縫波奇包專用成形芯作壓線。

⑧另一片表脇布縫法亦同。
⑦翻到正面，依成形芯修剪表脇布。
表脇布（正面）

表脇布（正面）
⑩疏縫。
⑨與裡本體正面相疊。
裡本體（背面）

表脇布（正面）
⑪依成形芯修剪裡本體。

滾邊條（背面）
⑬內摺1cm重疊。
⑫與滾邊條正面相疊，沿摺痕車縫。
表脇布（正面）

滾邊條（正面）
裡本體（正面）
⑭以滾邊條包捲縫份，固定於裡本體。

※另一片本體作法亦同。

1. 裁布

※除了中心A・B之外無原寸紙型，請依標示尺寸（已含縫份）直接裁剪。

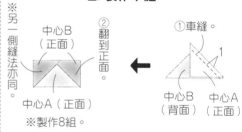

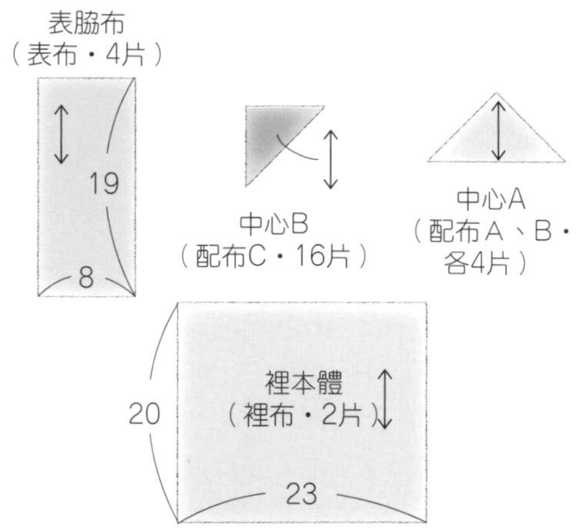

表脇布（表布・4片）
19
8

中心B（配布C・16片）

中心A（配布A、B・各4片）

裡本體（裡布・2片）
20
23

2. 製作本體

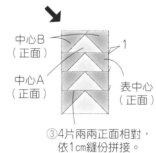

中心B（正面）
中心A（正面）
①車縫。
②翻到正面。
中心B（背面）　中心A（正面）
1
※另一側縫法亦同。
※製作8組。

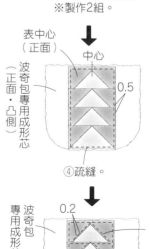

中心B（正面）
中心A（正面）
1
表中心（正面）
③4片兩兩正面相對，依1cm縫份拼接。
※製作2組。

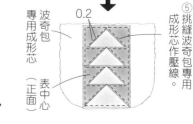

表中心（正面）
中心
波奇包專用成形芯（正面・凸側）
0.5
④疏縫。

波奇包專用成形芯
0.2
表中心（正面）
⑤挑縫波奇包專用成形芯作壓線。

摺疊陽傘＆傘袋

完成尺寸
陽傘：長35cm（摺疊時）
傘袋：寬13×長33cm

原寸紙型
A面

材料
表布（平織布）110cm×150cm
配布（平織布）80cm×30cm
接著襯 10cm×10cm
包釦 2.2cm 1組／摺疊陽傘傘骨 1組

---

⑧縮縫。

0.3
摺雙側
⑦背面相向對摺。

⑥燙開縫份。
花形墊圈（正面）
花形墊圈（背面）
1
⑤花形墊圈正面相對，縫成輪狀。

⑨套入花形墊圈，拉緊縮縫線後打結固定。
⑩蓋上傘笠。
花形墊圈（正面）
摺雙側
本體（正面）

⑪以鈕釦線將珠尾接縫於本體端。

縫2至3針。
珠尾
打結
珠尾
本體（背面）
本體（背面）
※共在8處縫上珠尾。

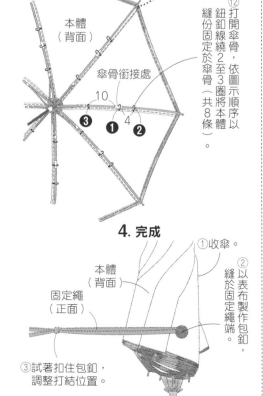

本體（背面）
傘骨銜接處
10
❸ ❶ ❷
4

⑫打開傘骨，依圖示順序以鈕釦線繞2至3圈將本體縫份固定於傘骨（共8條）。

4. 完成

①收傘。
本體（背面）
固定繩（正面）
②以表布製作包釦，縫於固定繩端。
③試著扣住包釦，調整打結位置。

---

2. 接縫固定繩

固定繩（正面）
①兩端摺1cm。
0.8
0.2
②摺四褶車縫。
1

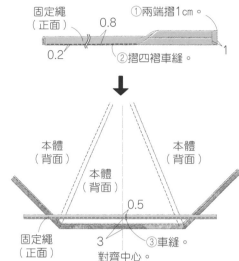

本體（背面）
本體（背面）
本體（背面）
0.5
3
固定繩（正面）
③車縫。
對齊中心。

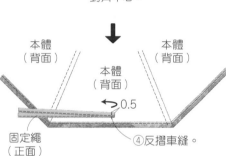

本體（背面）
本體（背面）
本體（背面）
0.5
固定繩（正面）
④反摺車縫。

3. 本體安裝於傘骨

天紙（正面）
①在天紙中心開一個直徑0.5cm的洞。
0.5
②以鋸齒剪刀修剪外圍。

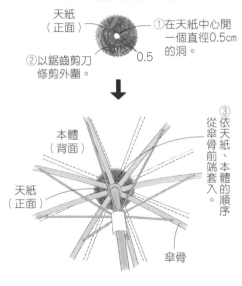

本體（背面）
天紙（正面）
③依天紙、本體從傘骨前端套入的順序套入。
傘骨

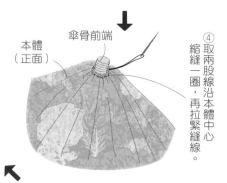

本體（正面）
傘骨前端
④取兩股線從本體中心縮縫一圈，再拉緊縫線。

裁布圖

※除了本體・天紙・花形墊圈之外無原寸紙型，請依標示尺寸（已含縫份）直接裁剪。
※▨▨處（天紙）需於背面燙貼接著襯。

表布（正面）

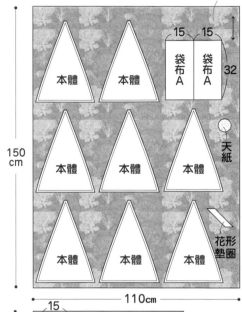

本體　本體
15　15
袋布A　袋布A
32
本體　本體　本體
天紙
本體　本體　本體
花形墊圈
150cm
110cm

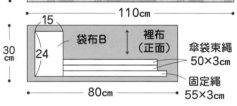

15
30cm
24
袋布B
裡布（正面）
傘袋束繩 50×3cm
固定繩 55×3cm
80cm

1. 製作本體

0.5
0.5

本體（背面）
0.2　0.5
※製作8片
①依0.5cm→0.5cm寬度三摺邊車縫。

止縫點
本體（正面）
0.3
本體（背面）
②兩片本體背面相對，車縫至止縫點。

止縫點
③翻到背面，兩片正面相對，車縫至止縫點。
本體（背面）
0.7
本體（正面）
※依相同作法縫合所有本體。

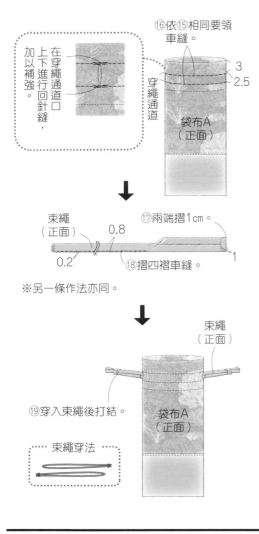

⑯依⑮相同要領車縫。

加上在下進行回針縫，以上穿繩通道口加以補強

袋布A（正面）

3
2.5

穿繩通道口

穿繩通道

束繩（正面）　⑰兩端摺1cm。

0.8
0.2
⑱摺四褶車縫。
1

※另一條作法亦同。

束繩（正面）

束繩（正面）

⑲穿入束繩後打結。

袋布A（正面）

束繩穿法

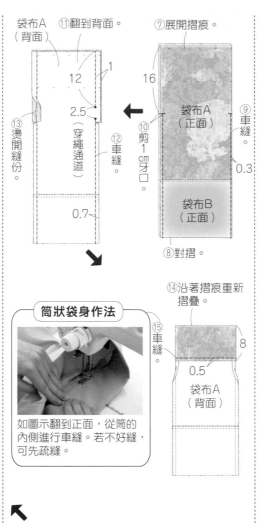

袋布A（背面）　⑪翻到背面。

12

2.5（穿繩通道）
1

⑬燙開縫份。

⑫車縫。

0.7

筒狀袋身作法

如圖示翻到正面，從筒的內側進行車縫。若不好縫，可先疏縫。

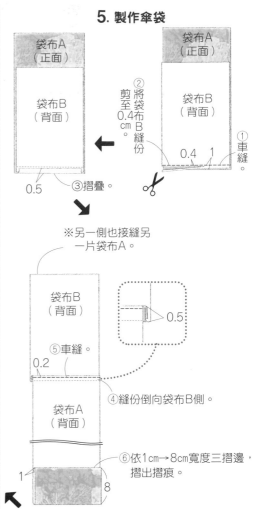

⑦展開摺痕。

16

袋布A（正面）

⑨車縫。

⑩剪1cm牙口。

0.3

袋布B（正面）

⑧對摺。

⑭沿著摺痕重新摺疊。

⑮車縫。

8
0.5
袋布A（背面）

---

5. 製作傘袋

袋布A（正面）

袋布A（正面）

袋布B（背面）

袋布B（背面）

②剪至袋布B縫份0.4cm。

①車縫。

0.5

③摺疊。

0.4　1

※另一側也接縫另一片袋布A。

袋布B（背面）

袋布A（背面）

0.5

⑤車縫。

0.2

袋布A（背面）

④縫份倒向袋布B側。

⑥依1cm→8cm寬度三摺邊，摺出摺痕。

1
8

完成尺寸	材料		
長24×寬6cm	**表布**（棉布）30cm×25cm		
原寸紙型	**配布**（棉布）30cm×25cm		
A面	**暗釦** 1cm 1組		

P.08_ No.09

餐具收納袋

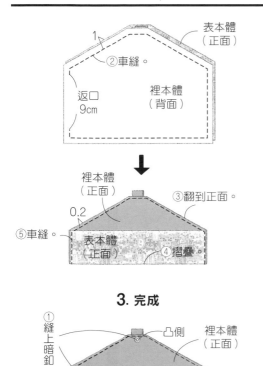

表本體（正面）

1

②車縫。

裡本體（背面）

返口9cm

裡本體（正面）

③翻到正面。

0.2

⑤車縫。

表本體（正面）

④摺疊。

3. 完成

①縫上暗釦。

凸側

裡本體（正面）

表本體（正面）

凹側

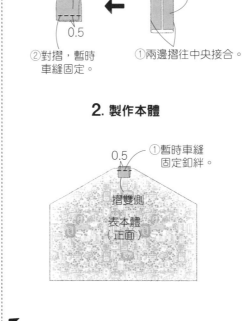

1. 製作釦絆

釦絆（正面）

釦絆（正面）

0.5

②對摺，暫時車縫固定。

①兩邊摺往中央接合。

2. 製作本體

0.5

①暫時車縫固定釦絆。

摺雙側

表本體（正面）

裁布圖

※釦絆無原寸紙型，請依標示尺寸（已含縫份）直接裁剪。

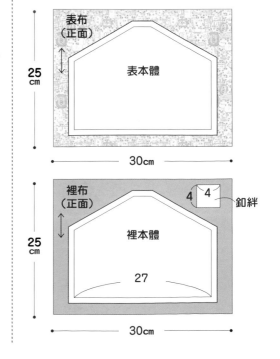

表布（正面）

表本體

25cm

30cm

裡布（正面）

4　4　釦絆

裡本體

27

25cm

30cm

完成尺寸	材料
長60cm	表布（平織布）110cm×110cm
原寸紙型	配布（平織布）110cm×60cm
C面	接著襯 10cm×10cm／遮陽直傘傘骨 1組
	包釦 直徑3.8cm 1組

P.14_No.26

遮陽直傘

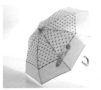

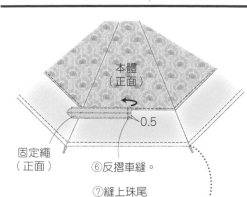

固定繩
（正面）

本體
（正面）

⑥反摺車縫。

0.5

⑦縫上珠尾
（使用鈕釦線）。

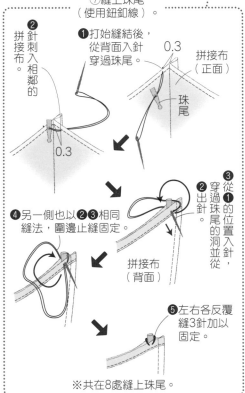

❷
拼接布刺入相鄰的
針刺入相鄰的

❶打始縫結後，
從背面入針
穿過珠尾。

0.3

拼接布
（正面）

珠尾

0.3

❹另一側也以❷❸相同縫法，圍邊止縫固定。

❷
❸
從❶出針，
穿過珠尾的
洞並從❶
的位置入針，

拼接布
（背面）

❺左右各反覆縫3針加以固定。

※共在8處縫上珠尾。

3. 將本體安裝於傘骨

①參見P.82**3.**-①至⑩將本體安裝於傘骨。

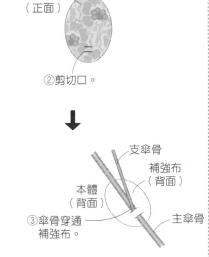

補強布
（正面）

②剪切口。

支傘骨
補強布
（背面）
本體
（背面）

③傘骨穿通
補強布。

主傘骨

裁布圖

※固定繩無原寸紙型，請依標示尺寸
（已含縫份）直接裁剪。
※▨▨處（天紙）需於背面燙貼接著襯。

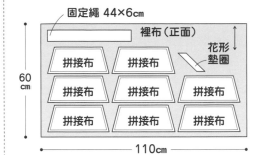

固定繩 44×6cm

裡布（正面）

60cm

拼接布
拼接布
花形墊圈
拼接布
拼接布
拼接布
拼接布
拼接布
拼接布

110cm

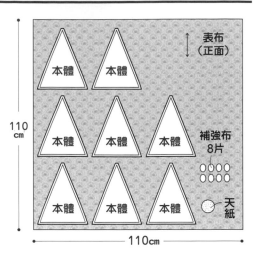

表布
（正面）

110cm

本體 本體
本體 本體 本體
本體 本體 本體

補強布
8片

天紙

110cm

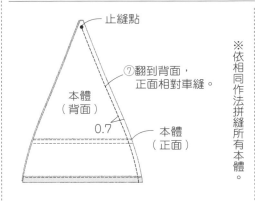

止縫點

⑦翻到背面，
正面相對車縫。

本體
（背面）

0.7

本體
（正面）

※依相同作法拼縫所有本體。

2. 縫上固定繩＆珠尾

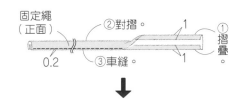

固定繩
（正面）

②對摺。

①摺疊。

0.2

③車縫。

1

1

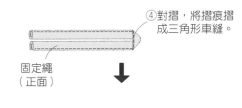

④對摺，將摺痕摺成三角形車縫。

固定繩
（正面）

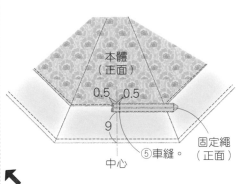

本體
（正面）

0.5 0.5

9

中心

⑤車縫。

固定繩
（正面）

1. 製作本體

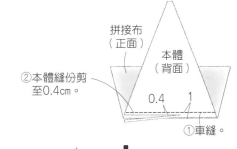

拼接布
（正面）

本體
（背面）

②本體縫份剪
至0.4cm。

0.4 1

①車縫。

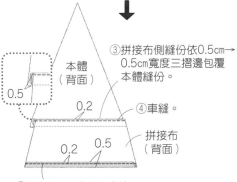

本體
（背面）

0.5

③拼接布側縫份依0.5cm→
0.5cm寬度三摺邊包覆
本體縫份。

0.2

④車縫。

拼接布
（背面）

0.2 0.5

⑤依0.5cm→0.5cm寬度
三摺邊車縫。

※製作8組。

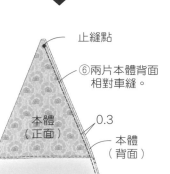

止縫點

⑥兩片本體背面
相對車縫。

本體
（正面）

0.3

本體
（背面）

84

4. 完成

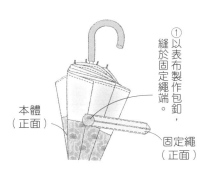

④以繩端於本體(正面)製作包鈕，縫於固定表布。

本體(正面)

固定繩(正面)

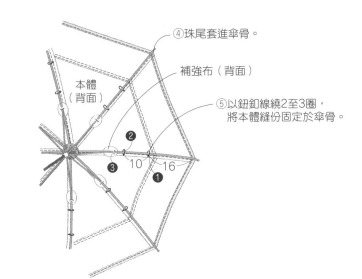

④珠尾套進傘骨。

補強布(背面)

⑤以鈕釦線繞2至3圈，將本體縫份固定於傘骨。

本體(背面)

本體(背面)

② ③ ① 10 16

完成尺寸	材料	P.06_ No.03
寬23×長4.5×側身23cm	表布(厚木棉布)25cm×25cm／裡布(棉布)35cm×25cm	**工具包**
原寸紙型	配布(皮革)15cm×10cm	
無	接著襯(中薄)50cm×25cm	
	VISLON拉鍊 25cm 1條	

表流蘇(背面)　裡流蘇(正面)

0.5
0.7

④一端剪成三角形。

③配合鋸齒剪牙口。

↓

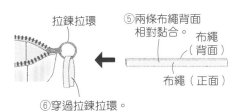

拉鍊拉環

⑤兩條布繩背面相對黏合。

布繩(背面)

布繩(正面)

⑥穿過拉鍊拉環。

↓

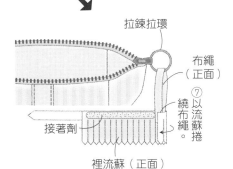

拉鍊拉環

布繩(正面)

接著劑

⑦以流蘇捲繞布繩。

裡流蘇(正面)

↓

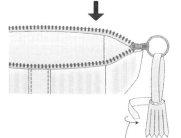

⑧捲繞，並以接著劑黏貼固定。

---

2. 安裝拉鍊

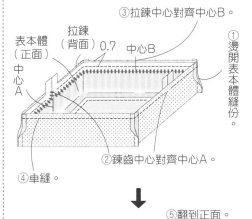

③拉鍊中心對齊中心B。

表本體(正面)

拉鍊(背面) 0.7

中心B

中心A

①燙開表本體縫份。

②鍊齒中心對齊中心A。

④車縫。

↓

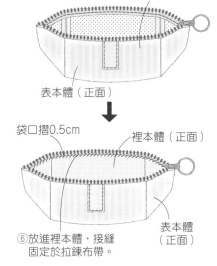

⑤翻到正面。

表本體(正面)

↓

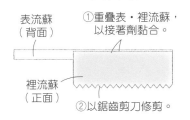

袋口摺0.5cm

裡本體(正面)

表本體(正面)

⑥放進裡本體，接縫固定於拉鍊布帶。

3. 製作流蘇

表流蘇(背面)

①重疊表‧裡流蘇，以接著劑黏合。

裡流蘇(正面)

②以鋸齒剪刀修剪。

裁布圖

※標示尺寸已含縫份。

※ ▨ 處需於背面燙貼接著襯。

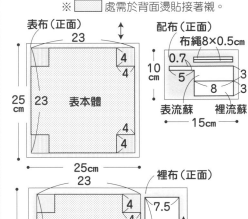

表布(正面)

23

4 4

25cm 23

表本體

23

25cm

配布(正面)

布繩8×0.5cm

0.7

5 3

8 3

表流蘇　裡流蘇

15cm

裡布(正面)

23

4 4

7.5

16 貼布縫A

裡本體

25cm 23

4 4

貼布縫B

6

35cm

---

1. 製作表本體

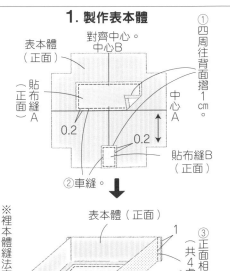

表本體(正面)

對齊中心。中心B

貼布縫A(正面)

中心A

0.2

0.2

貼布縫B(正面)

①四周往背面摺1cm。

②車縫。

↓

表本體(正面)

1

1

③正面相對車縫(共4處)。

※裡本體縫法亦同。

85

完成尺寸	材料
寬25.5×長27.5cm（提把35cm）	表布（平織布）80cm×40cm
	裡布（平織布）80cm×35cm
原寸紙型	接著襯（薄）80cm×40cm
C面	

水滴包

※提把&內口袋無原寸紙型，請依標示尺寸（已含縫份）直接裁剪。
※貼布縫無原寸紙型，請依布料上的單個圖案剪下。

裁布圖

※ ▨ 處需於背面燙貼接著襯。

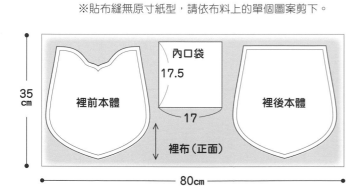

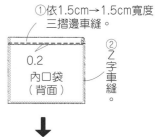

裡前本體　內口袋 17.5　裡後本體
35cm　17　裡布（正面）　80cm

表布（正面）　貼布縫
提把　提把　37　7　7
表前本體　表後本體
40cm　80cm

---

4. 製作裡本體

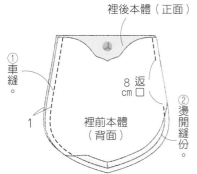

裡後本體（正面）
① 車縫。
8cm 返口 □
裡前本體（背面）
1
② 燙開縫份。

5. 套疊表本體&裡本體

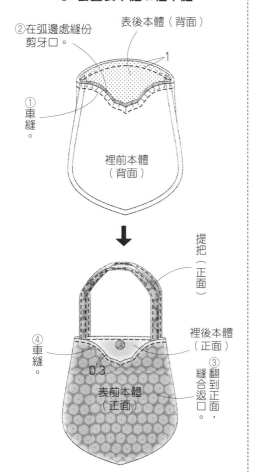

② 在弧邊處縫份剪牙口。
表後本體（背面）
1
① 車縫。
裡前本體（背面）

提把（正面）
④ 車縫。
裡後本體（正面）
0.3
表前本體（正面）
③ 縫合返口，翻到正面。

2. 製作提把

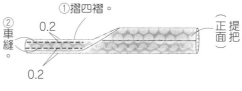

① 摺四褶。
② 車縫。 0.2
（正面）提把
0.2

※另一條作法亦同。

3. 製作表本體

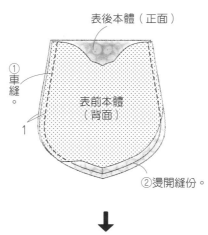

表後本體（正面）
① 車縫。
表前本體（背面）
1
② 燙開縫份。

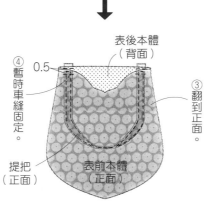

④ 暫時車縫固定。 0.5
表後本體（背面）
③ 翻到正面。
提把（正面）
表前本體（正面）

1. 接縫貼布縫圖案&內口袋

① 依1.5cm→1.5cm寬度三摺邊車縫。
② Z字車縫。
0.2
內口袋（背面）

內口袋（背面）
1
③ 摺疊。

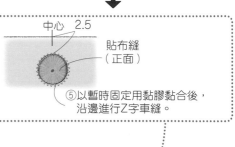

中心　2.5
貼布縫（正面）
⑤ 以暫時固定用黏膠黏合後，沿邊進行Z字車縫。

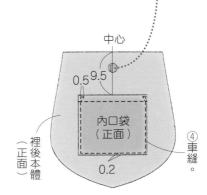

中心
0.5　9.5
裡後本體（正面）
內口袋（正面）
0.2
④ 車縫。

完成尺寸	材料	

完成尺寸

寬36×長25×側身11cm
（提把40cm）

原寸紙型

A面

材料

表布（厚棉布）60cm×70cm／**配布A**（11號帆布）80cm×25cm
配布B（皮革）10cm×10cm／**裡布**（平織布）100cm×80cm
接著襯A（不織布型・厚）80cm×80cm
接著襯B（不織布型・中厚）55cm×5cm
雙開尼龍拉鍊 50cm 1條
壓克力織帶 寬3cm 175cm／**固定釦**（頭9mm 腳9mm）4組

P.19_ No.28
公事包

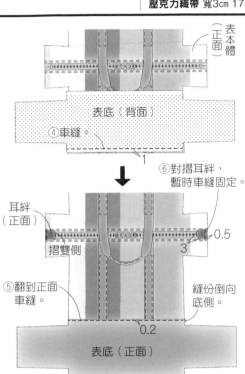

④車縫。
⑥對摺耳絆，暫時車縫固定。
耳絆（正面）
摺雙側
0.5
3
⑤翻到正面車縫。
縫份倒向底側。
0.2
表底（正面）
表本體（正面）
表底（背面）

※另一側的表底＆表本體縫法亦同。

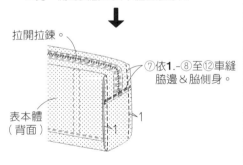

拉開拉鍊。
⑦依1.-⑧至⑫車縫脇邊＆脇側身。
表本體（背面）
1

3. 完成

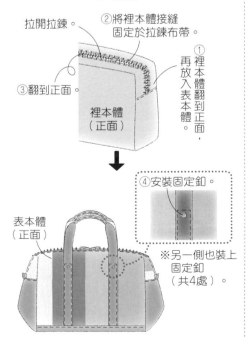

拉開拉鍊。
②將裡本體接縫固定於拉鍊布帶。
①裡本體翻到正面，再放入表本體。
③翻到正面
裡本體（正面）
④安裝固定釦。
表本體（正面）
※另一側也裝上固定釦（共4處）。

---

⑧摺疊。
⑨車縫。
1
裡本體（背面）
⑧摺疊。
⑩翻到正面。
縫份倒向底側。
⑪車縫。
0.2
裡本體（正面）
⑫翻到背面，摺疊脇側身＆車縫。
裡本體（背面）
1

※另一側縫法亦同。

2. 製作表本體

②對摺＆車縫。
中心
12
壓克力織帶（84cm）

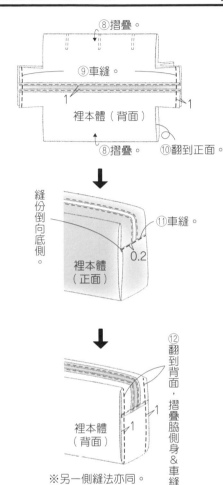

①參見P.18-3.安裝拉鍊。
表本體（正面）
拉鍊（正面）
0.2
0.3
③車縫。
0.2
裡本體（正面）
提把（正面）

※另一條提把作法亦同。

裁布圖

※耳絆無原寸紙型，請依標示尺寸（已含縫份）直接裁剪。
※ ▨ 處需於背面燙貼接著襯A，▨ 處需再疊燙接著襯B。

表布（正面）
1 1 1
70cm
表本體
60cm
摺雙

耳絆3×6cm
10cm
10cm
配布B（正面）

配布A（正面）
1
25cm
表底
80cm
1

裡布（正面）
80cm
裡本體
內口袋
100cm

1. 製作裡本體

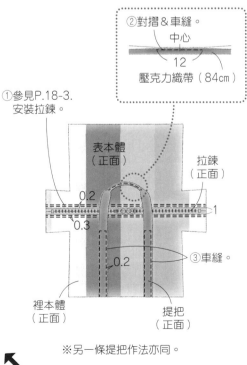

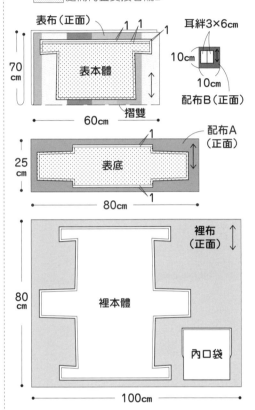

④摺疊。
內口袋（正面）
①背面相對，沿山摺線摺疊。
0.2
內口袋（正面）
0.7
③摺疊。
②從另一側（表側）車縫。

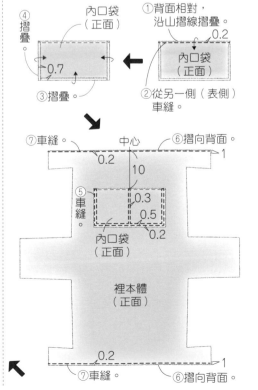

⑦車縫。
中心
⑥摺向背面。
0.2
1
10
⑤車縫。
0.3
0.5
0.2
內口袋（正面）
裡本體（正面）
0.2
1
⑦車縫。
⑥摺向背面。

完成尺寸	材料
寬34×長22×側身12cm（提把35cm）	表布（牛津布）105cm×40cm
原寸紙型	配布A（11號帆布）75cm×10cm
A面	配布B（皮革）25cm×10cm／裡布（平織布）75cm×65cm
	接著襯（不織布中厚）105cm×35cm
	尼龍拉鍊 40cm 1條／壓克力織帶 寬3.8cm 80cm

P.20_ No.31
附側身拉鍊包

※另一側作法亦同。

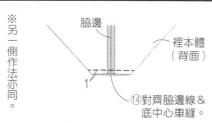

脇邊
裡本體（背面）
1
⑭對齊脇邊線＆底中心車縫。

3. 製作表本體

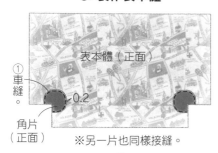

表本體（正面）
①車縫。
0.2
角片（正面）
※另一片也同樣接縫。

表本體（正面）
②車縫。
③燙開縫份。
1
③燙開縫份。
1

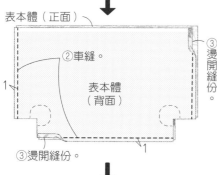

脇邊
表本體（背面）
1
④對齊脇邊線＆底中心車縫。
※另一側作法亦同。

4. 套疊表本體＆裡本體

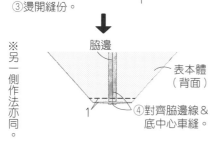

表本體（正面）
1
②摺疊。
①到表本體翻正面。
③將裡本體放入表本體內。

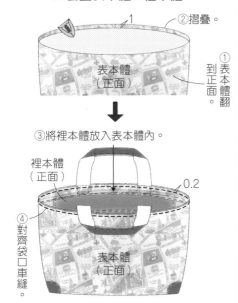

裡本體（正面）
表本體（正面）
0.2
④對齊袋口車縫。

---

2. 製作裡本體

內口袋（正面）
①背面相對，沿山摺線摺疊。
0.2
內口袋（正面）
②車縫。
0.7
③摺疊。

中心
④車縫。
6.5
裡本體（正面）
0.5
內口袋（正面）
0.2

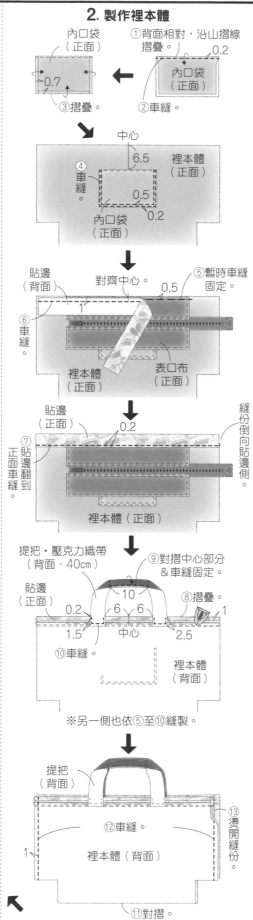

貼邊（背面）
對齊中心。
0.5
⑤暫時車縫固定。
1
⑥車縫。
裡本體（正面）
表口布（正面）
貼邊（正面）
0.2
⑦貼邊翻到正面車縫。
縫份倒向貼邊側。
裡本體（正面）

提把·壓克力織帶（背面·40cm）
貼邊（正面）
0.2
10
⑨對摺中心部分＆車縫固定。
⑧摺疊。
0.2
6　6
1.5　中心　2.5
1
⑩車縫。
裡本體（背面）
※另一側也依⑤至⑩縫製。

提把（背面）
⑫車縫。
裡本體（背面）
1
⑬燙開縫份。
⑪對摺。

【裁布圖】

※除了內口袋＆角片之外皆無原寸紙型，請依標示尺寸（已含縫份）直接裁剪。
※▨▨處需於背面燙貼接著襯。

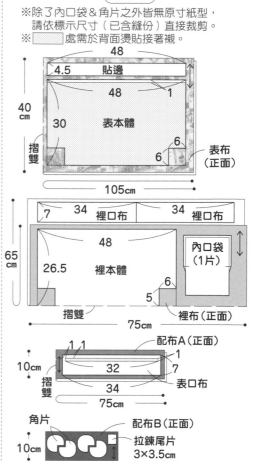

48
4.5　貼邊
48　1
40cm
30　表本體
摺雙
6
6
表布（正面）
105cm

7　34　裡口布　34　裡口布
48
65cm
26.5　裡本體
內口袋（1片）
6
5
摺雙
裡布（正面）
75cm

配布A（正面）
1　1
1
10cm
32
7
摺雙
34
表口布
75cm

角片
配布B（正面）
拉鍊尾片 3×3.5cm
10cm
25cm

1. 製作口布

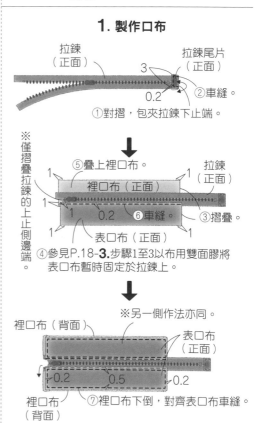

拉鍊（正面）
拉鍊尾片（正面）
3
0.2
②車縫。
①對摺，包夾拉鍊下止端。

※僅摺疊拉鍊的上止側邊端
⑤疊上裡口布。
裡口布（正面）
拉鍊（正面）
1
1　0.2　⑥車縫
③摺疊。
表口布（正面）
④參見P.18-3.步驟1至3以布用雙面膠將表口布暫時固定於拉鍊上。

※另一側作法亦同。

裡口布（背面）
表口布（正面）
裡口布（背面）
0.2　0.5　0.2
裡口布（背面）
⑦裡口布下倒，對齊表口布車縫。

完成尺寸
寬18×長18×側身6.4cm
（肩背帶128cm）

原寸紙型
B面

材料
表布（11號帆布）60cm×70cm／裡布（平織布）65cm×50cm
配布（皮革）5cm×15cm／接著襯（不織布中厚）40cm×5cm
金屬拉鍊 30cm 1條／蒂羅爾繡帶 寬9mm 20cm

P.20_ No.32
方形隨行包

裁布圖

※除了表・裡本體&內口袋之外無原寸紙型，
　請依標示尺寸（已含縫份）直接裁剪。
※▭處需於背面燙貼接著襯。

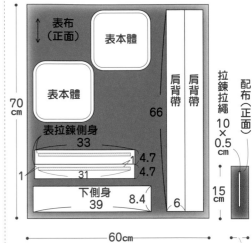

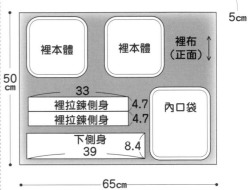

1. 製作肩背帶

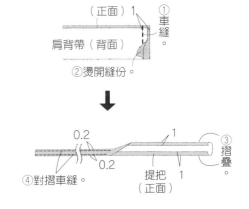

① 車縫
② 燙開縫份。

③ 摺疊。
④ 對摺車縫。

2. 製作表本體

① 參見P.18-2.安裝拉鍊。

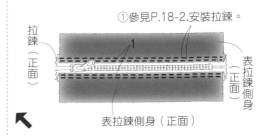

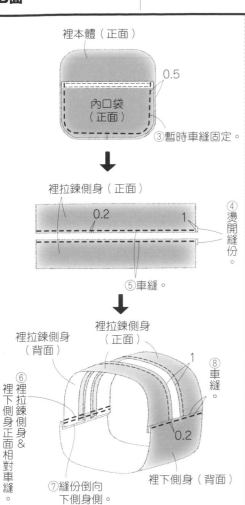

4. 套疊表・裡本體

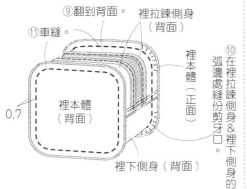

④與P.92 No.35 **4.**-③相同，
拉鍊拉繩穿過拉鍊拉片打結。

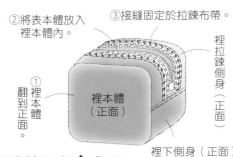

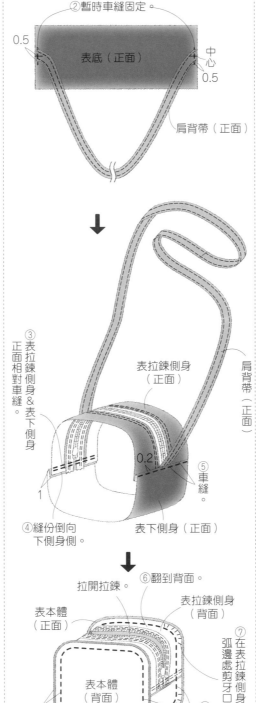

3. 製作裡本體

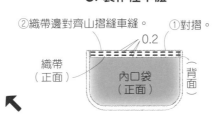

89

完成尺寸	材料
寬21×長15cm	表布（厚棉布）55cm×20cm
原寸紙型	裡布（平織布）30cm×40cm／配布（皮革）10cm×5cm
無	接著襯（不織布型・中厚）25cm×5cm
	金屬拉鍊 20cm 1條

2. 製作裡本體

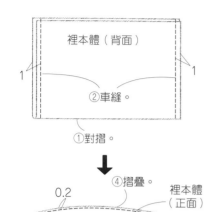

裡本體（背面）

1　②車縫。　1

①對摺。

④摺疊。　裡本體（正面）

0.2

⑤車縫。　1　③縫份倒向單側。

裡本體（背面）

⑥將裡本體放入表本體內，接縫固定於拉鍊布帶（參見P.18-4）。
※脇邊的縫份請交錯導向不同側。

裡本體（正面）

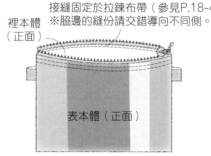

表本體（正面）

1. 製作表本體

①參見P.18-3.安裝拉鍊。

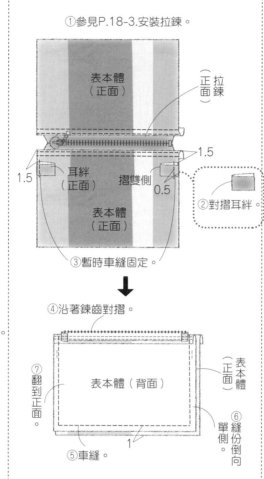

表本體（正面）

正面拉鍊

1.5

耳絆（正面）　摺雙側　0.5

1.5

表本體（正面）

②對摺耳絆。

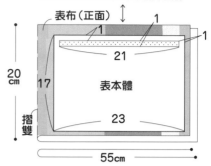

③暫時車縫固定。

④沿著鍊齒對摺。

表本體（背面）

⑦翻到正面。

表本體（正面）

⑤車縫。　1　⑥縫份倒向單側。

裁布圖

※標示尺寸已含縫份。
※[::::]處需於背面燙貼接著襯。

表布（正面）

20cm　17　1　1　1　21

表本體

摺雙　23

55cm

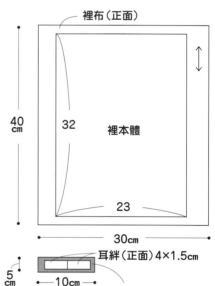

裡布（正面）

40cm　32　裡本體　23

30cm

耳絆（正面）4×1.5cm

5cm　10cm

配布（正面）

完成尺寸	材料
寬21×長15cm	表布（11號帆布）55cm×20cm／配布（11號帆布）30cm×15cm
原寸紙型	裡布（平織布）30cm×40cm
無	接著襯（不織布中厚）25cm×5cm
	金屬拉鍊 20cm 2條

1. 製作本體

②參見P.90 No.29 製作本體。

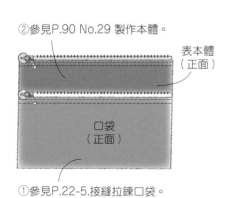

表本體（正面）

口袋（正面）

①參見P.22-5.接縫拉鍊口袋。

※標示尺寸已含縫份。
※[::::]處需於背面燙貼接著襯。

裡布（正面）

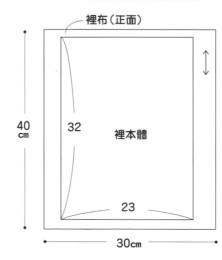

40cm　32　裡本體　23

30cm

裁布圖

表布（正面）

20cm　17　1　1　1　21

表本體

摺雙　23　11　口袋接縫位置

55cm

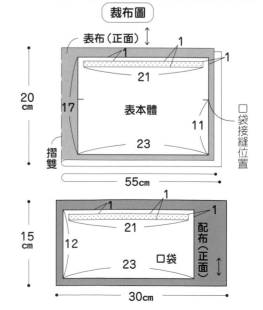

1　1　21

15cm　12　配布（正面）　23　口袋

30cm

完成尺寸
寬43×長25×側身16cm

原寸紙型
C面

材料
表布（厚棉布）100cm×35cm
配布A（11號帆布）100cm×35cm／配布B（皮革）25cm×5cm
裡布（平織布）100cm×85cm
接著襯（不織布型・中厚）100cm×50cm／尼龍拉鍊 20cm 1條
金屬拉鍊 20cm 1條／平織帶 寬3cm 90cm

P.21_ No.**34**
橢圓底托特包

2. 接縫提把

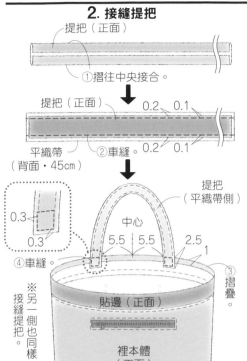

提把（正面）
①摺往中央接合。

提把（正面）
0.2　0.1
平織帶（背面・45cm）
②車縫。
0.2　0.1

0.3
0.3

提把（平織帶側）
中心
5.5　5.5　2.5
1
④車縫。
貼邊（正面）
裡本體（正面）
③摺疊。
※另一側接縫提把也同樣。

3. 製作表本體

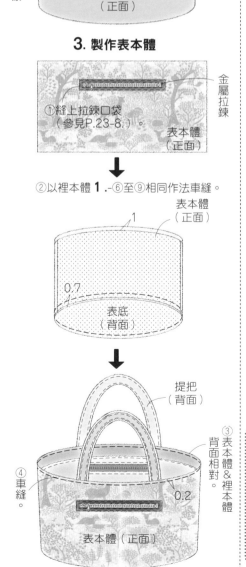

金屬拉鍊
①縫上拉鍊口袋（參見P.23-8.）。
表本體（正面）

②以裡本體 1.-⑥至⑨相同作法車縫。

表本體（正面）
1
0.7
表底（背面）

提把（背面）
③背面相對。表本體＆裡本體
④車縫。
表本體（正面）

1. 製作裡本體

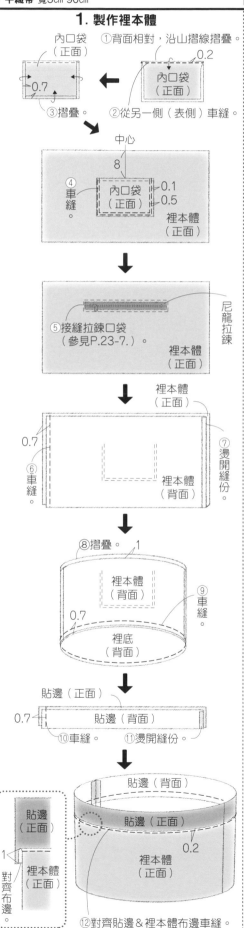

內口袋（正面）
①背面相對，沿山摺線摺疊。
0.2
內口袋（正面）
②從另一側（表側）車縫。
0.7
③摺疊。

中心
8
④車縫。
內口袋（正面）
0.1
0.5
裡本體（正面）

⑤接縫拉鍊口袋（參見P.23-7.）
尼龍拉鍊
裡本體（正面）

裡本體（正面）
0.7
⑥車縫。
裡本體（背面）
⑦燙開縫份。

⑧摺疊。
1
裡本體（背面）
0.7
裡底（背面）
⑨車縫。

貼邊（正面）
0.7
貼邊（背面）
⑩車縫。
⑪燙開縫份。

貼邊（背面）
貼邊（正面）
0.2
裡本體（正面）

貼邊（正面）
1
裡本體（正面）
對齊布邊
⑫對齊貼邊＆裡本體布邊車縫。

裁布圖

※除了表・裡底與內口袋之外無原寸紙型，請依標示尺寸（已含縫份）直接裁剪。
※ □□□ 處需於背面燙貼接著襯。

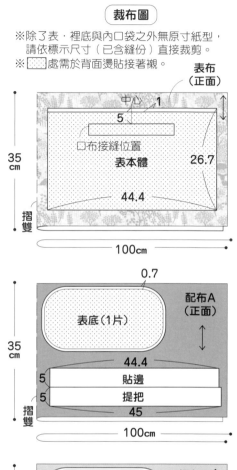

表布（正面）
中心　1
5
口布接縫位置
表本體
26.7
44.4
35cm
摺雙
100cm

0.7
表底（1片）
配布A（正面）
35cm
44.4
5　貼邊
5　提把
45
摺雙
100cm

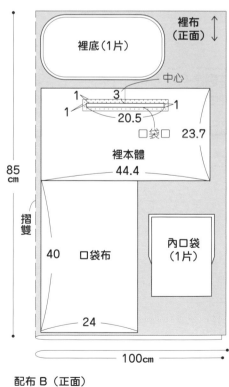

裡布（正面）
裡底（1片）
中心
1　3　1
1
20.5
□袋□
23.7
裡本體
44.4
85cm
摺雙
40　口袋布
內口袋（1片）
24
100cm

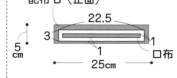

配布B（正面）
22.5
3
1
1
5cm
1　口布
25cm

附側身拉鍊波奇包

完成尺寸	材料
寬14×長11.5×側身6cm	表布（厚棉布）40cm×20cm／裡布（棉布）95cm×20cm
原寸紙型	配布A（11號帆布）80cm×10cm／配布B（皮革）15cm×5cm
C面	接著襯A（不織布型・厚）40cm×20cm／金屬拉鍊 20cm 1條
	接著襯B（不織布型・中厚）25cm×5cm

2. 製作裡本體

① 往背面摺1cm。
② 車縫。 0.2

※另一片作法亦同。

③ 車縫。
裡上側身（正面）
裡下側身（正面）

1. 縫法同④至⑦
④
0.7
裡本體（背面）

裡上側身（背面）
裡本體（正面）
裡下側身（背面）

3. 套疊表本體＆裡本體

② 裡本體放入表本體內，將袋口與拉鍊布帶接縫固定。
③ 拉鍊拉繩穿過拉片後打結。
① 表本體翻到正面。
裡本體（正面）
表本體（正面）

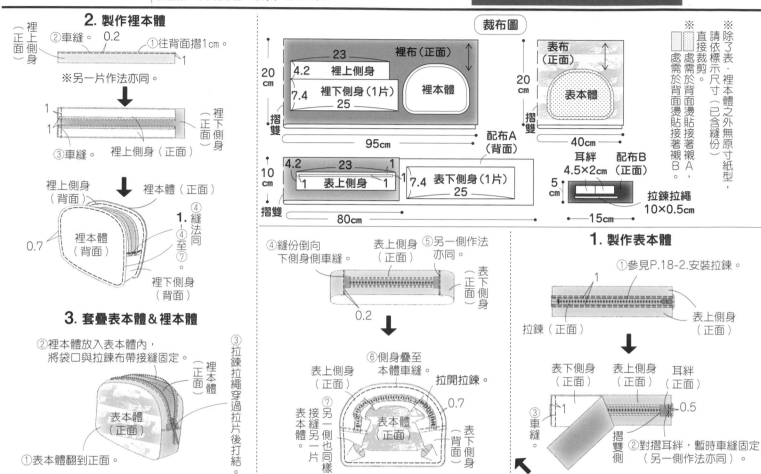

裁布圖

裡布（正面）
23
4.2 裡上側身
7.4 裡下側身（1片）
25
裡本體
20cm
摺雙
95cm
配布A（背面）

4.2 23 1
表上側身
1
7.4 表下側身（1片）
25
10cm
摺雙
80cm

表布（正面）
表本體
20cm
摺雙
40cm

耳絆 4.5×2cm
配布B（正面）
5cm
15cm
拉鍊拉繩 10×0.5cm

※除了表·裡本體之外無原寸紙型，請依標示尺寸裁剪。
※直接裁剪處於背面燙貼接著襯A，標示尺寸（已含縫份）。
※處需於背面燙貼接著襯B。

④ 縫份倒向下側身側車縫。
⑤ 另一側作法亦同。
表上側身（正面）
表下側身（正面）
0.2

⑥ 側身疊至本體車縫。
拉開拉鍊
⑦ 接縫另一片
表本體（正面）
表本體（背面）
表下側身（正面）
※另一側也同樣
0.7

1. 製作表本體

① 參見P.18-2.安裝拉鍊。
拉鍊（正面）
表上側身（正面）

表下側身（正面）
表上側身（正面）
耳絆（正面）
① 車縫。
摺雙側
0.5
② 對摺耳絆，暫時車縫固定（另一側作法亦同）。

筆袋

完成尺寸	材料
寬21×長5×側身4cm	表布（牛津布）55cm×15cm
原寸紙型	裡布（平織布）30cm×20cm
無	接著襯（不織布型・中厚）25cm×5cm
	尼龍拉鍊 20cm 1條

2. 製作裡本體

裡本體（正面）
② 車縫。
裡本體（背面）
① 對摺。

④ 燙開縫份。
0.2
⑤ 車縫。
裡本體（背面）
③ 作法與1.-⑨相同。

3. 套疊表本體＆裡本體

② 裡本體放入表本體內，將袋口與拉鍊布帶接縫固定。
① 表本體翻到正面。
裡本體（正面）
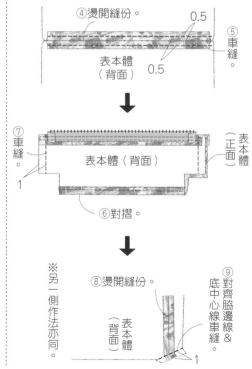
表本體（正面）

④ 燙開縫份。 0.5
⑤ 車縫。 0.5
表本體（背面）

⑦ 車縫。
表本體（正面）
表本體（背面）
⑥ 對摺。

※另一側作法亦同。
⑧ 燙開縫份。
⑨ 對齊底中心線車縫。
表本體（背面）

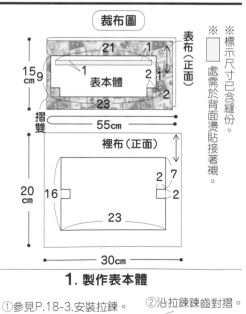

裁布圖

表布（正面）
21 1
9
表本體
2 1
23
15cm
摺雙
55cm

裡布（正面）
2 7
16
23
2 2
20cm
30cm

※標示尺寸已含縫份。
※處需於背面燙貼接著襯。

1. 製作表本體

① 參見P.18-3.安裝拉鍊。
② 沿拉鍊齒對摺。
表本體（正面）
③ 車縫。
表本體（背面）

隱藏式拉鍊口袋托特包

完成尺寸	材料
寬22×長22×側身16cm（提把26cm）	表布（11號帆布）110cm×70cm
原寸紙型	配布（棉布）20cm×25cm／裡布（棉布）70cm×70cm
C面	接著襯（不織布型・中厚）20cm×5cm
	金屬拉鍊 20cm 1條

4. 製作表本體

①參見P.22-6.安裝拉鍊。

②依外口袋修剪口袋布。

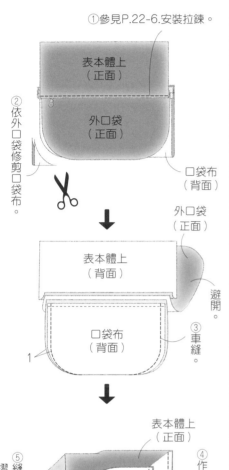

表本體上（正面）

外口袋（正面）

口袋布（背面）

外口袋（正面）

表本體上（背面）

避開。

口袋布（背面）

1

③車縫。

表本體上（正面）

⑤縫份倒向表側身側，摺疊袋口縫份。

1

④作法與裡本體相同。

表本體（背面）

0.7

表側身（背面）

5. 套疊表本體＆裡本體

裡本體（正面）

①表本體翻到正面，套入裡本體。

0.2

②對齊袋口車縫。

表本體上（正面）

表側身（正面）

---

④翻到正面，縫份倒向裡側身側。

裡本體（背面）

⑤沿脇邊側的針趾邊車縫。

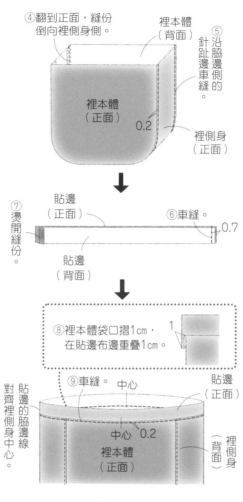

裡本體（正面）

0.2

裡側身（正面）

⑦燙開縫份。

貼邊（正面）

⑥車縫。

0.7

貼邊（背面）

⑧裡本體袋口摺1cm，在貼邊布邊重疊1cm。

1

⑨車縫。

中心

貼邊（正面）

貼邊對齊裡側身中心。

中心 0.2

裡本體（正面）

裡側身（背面）

3. 接縫提把

①摺往中央接合。

②對摺。

2.5

0.2

③車縫。

0.2

提把（正面）

※另一條作法亦同。

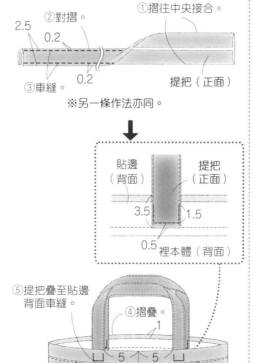

貼邊（背面）

提把（正面）

3.5 1.5

0.5 裡本體（背面）

⑤提把疊至貼邊背面車縫。

④摺疊。

1

5 5

中心

裡本體（正面）

裁布圖

※除了外口袋・表本體・裡本體・內口袋之外無原寸紙型，請依標示尺寸（已含縫份）直接裁剪。

※ 處需於背面燙貼接著襯。

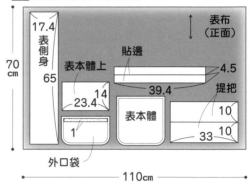

表布（正面）

17.4 表側身 65

表本體上

23.4 14

1

貼邊

39.4 4.5

提把 10

表本體

33 10

外口袋

110cm

70cm

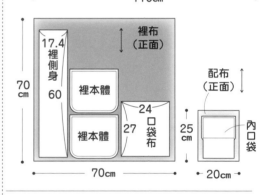

裡布（正面）

17.4 裡側身 60

裡本體

24 口袋布 27

裡本體

70cm

70cm

配布（正面）

25cm

內口袋

20cm

1. 製作內口袋

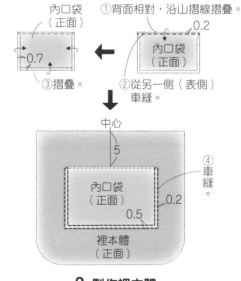

內口袋（正面）

①背面相對，沿山摺線摺疊。

0.2

0.7

③摺疊。

內口袋（正面）

②從另一側（表側）車縫。

中心

5

內口袋（正面）

④車縫。

0.2

0.5

裡本體（正面）

2. 製作裡本體

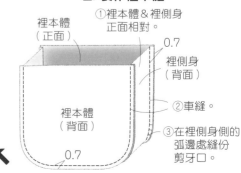

裡本體（正面）

①裡本體＆裡側身正面相對。

0.7

裡側身（背面）

②車縫。

裡本體（背面）

③在裡側身側的弧邊處縫份剪牙口。

0.7

完成尺寸	材料	
寬15×長9.5×側身4cm	表布（進口緹花布）140cm×20cm	
原寸紙型	裡布（棉布）90cm×15cm	**P.31_ No.40**
無	接著襯（Swany Soft）92cm×20cm	**支架口金波奇包**
	支架口金 寬15cm 1組／馬口夾 2個	
	3號尼龍拉鍊 30cm 1條	

掃QR Code 看作法影片！

https://youtu.be/XlzqcjeXod4

3. 套疊表本體＆裡本體

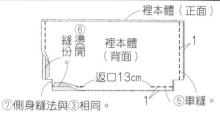

① 套入裡本體翻回正面，套入表本體內。
② 車縫。
裡本體（背面）
表本體（背面）
1

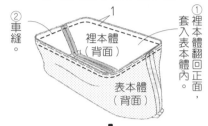

口布（正面）
③ 翻到正面，縫合返口。
裡本體（正面）
表本體（正面）
⑤ 支架口金穿入口布中。
⑥ 縫合口金通道口。

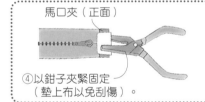

馬口夾（正面）
④ 以鉗子夾緊固定（墊上布以免刮傷）。

裡本體（正面）
⑥ 縫份燙開
裡本體（背面）
1
返口13cm
⑦ 側身縫法與③相同。
1
⑤ 車縫。

2. 製作本體

拉鍊（正面）
對齊中心。
0.5
0.2
口布（正面）
⑤ 車縫。 摺雙側
□金通道口
※另一片口布同樣接縫於拉鍊另一側。

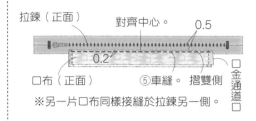

表本體（背面）
1
③ 對齊脇邊線＆底中心線車縫。 ※另一側作法亦同。

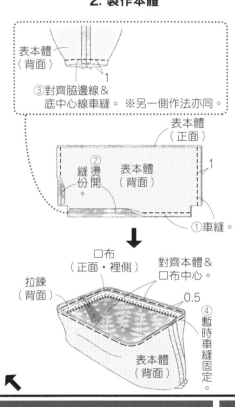

表本體（正面）
② 縫份燙開
表本體（背面）
1
① 車縫。

口布（正面・裡側）
拉鍊（背面）
對齊本體＆口布中心。
0.5
④ 暫時車縫固定
表本體（背面）

裁布圖

※標示尺寸已含縫份。
※ □ 處需於背面燙貼接著襯。

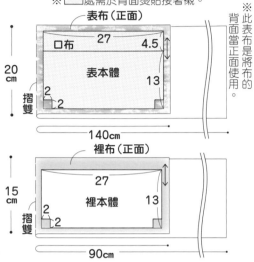

表布（正面）
口布 27 4.5
表本體
20cm
13
摺雙 2
2
140cm
※此表布是將布的背面當作正面使用的。

裡布（正面）
27
裡本體 13
15cm
摺雙 2
2
90cm

1. 製作口布

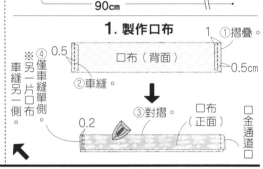

口布（背面）
1 ① 摺疊。
0.5
② 車縫。
0.5cm
※④僅車縫單側，另一片口布車縫另一側。
③ 對摺。
口布（正面）
□金通道口
0.2

完成尺寸	材料	
寬45×長45cm	表布（牛津布）110cm×55cm／裡布（棉布）105cm×55cm	**P.39_ No.51**
原寸紙型	接著鋪棉 110cm×55cm	**抱枕套**
無	枕心 45cm×45cm 1個	

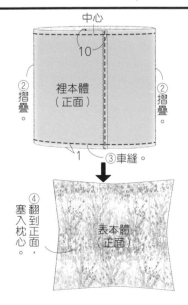

中心
10
裡本體（正面）
② 摺疊
② 摺疊
1
③ 車縫。
④ 翻到正面塞入枕心。
表本體（正面）

1. 製作表本體

② 取1.5cm間距進行壓線。
① 燙貼接著鋪棉。
③ 依裁布圖裁剪表本體。
④ Z字車縫。
表本體（正面）
中心・始縫點

2. 疊合表本體＆裡本體

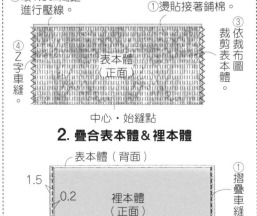

表本體（背面）
1.5
0.2
裡本體（正面）
① 摺疊車縫。

裁布圖

※標示尺寸已含縫份。
※表本體先壓線再依裁布圖裁剪。

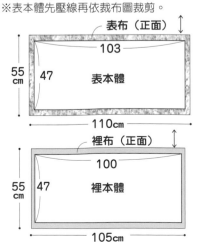

表布（正面）
103
55cm 47 表本體
110cm

裡布（正面）
100
55cm 47 裡本體
105cm

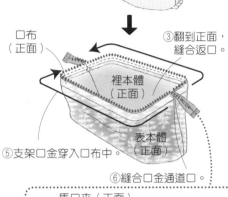
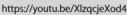

94

完成尺寸	材料（ ■…M・ ■…S・ ■…共用）	P.30_ No.39
寬20.5×長11×側身12cm	表布（進口緹花布）135cm×30cm・135cm×20cm	
寬16.5×長9×側身10cm	裡布（棉布）90cm×30cm・90cm×20cm	梯形小提包M・S
原寸紙型	接著襯（Swany Soft）92cm×30cm・92cm×20cm	
B面	3號尼龍拉鍊 30cm・25cm 1條	
	皮革條 寬2cm 50cm・40cm	

2. 製作裡本體

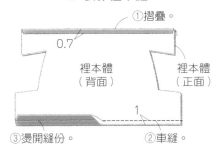

①摺疊。
0.7
裡本體（背面）
裡本體（正面）
1
③燙開縫份。 ②車縫。

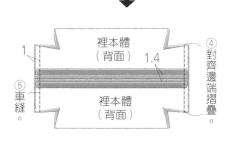

1
裡本體（背面）
1.4
④對齊邊端摺疊
⑤車縫。
裡本體（背面）

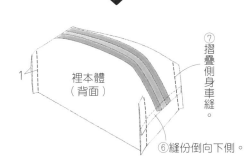

1
裡本體（背面）
⑦摺疊側身車縫。
⑥縫份倒向下側。

3. 套疊表本體＆裡本體

皮革條（23・19cm・2條）

②將裡本體接縫固定於拉鍊布帶。

※③另一側皮革條也縫上接縫位置車縫。

③皮革條疊至接縫位置車縫。

①套入裡本體。

表本體（正面）

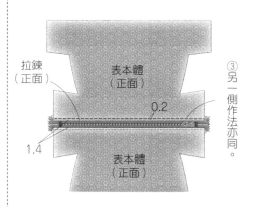

拉鍊（正面）
表本體（正面）
0.2
1.4
③另一側作法亦同。
表本體（正面）

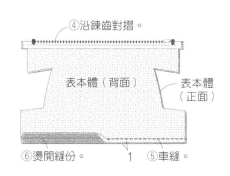

④沿鍊齒對摺。
表本體（背面）
表本體（正面）
⑥燙開縫份。 1 ⑤車縫。

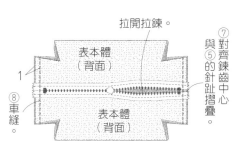

拉開拉鍊。
表本體（背面）
1
⑧車縫。
⑦對齊鍊齒中心與⑤的針趾摺疊。
表本體（背面）

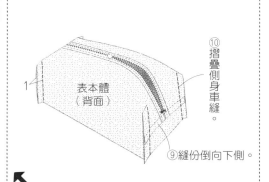

①表本體翻到正面，套入裡本體。
1
表本體（背面）
⑩摺疊側身車縫。
⑨縫份倒向下側。

裁布圖

掃QR Code 看作法影片！
https://youtu.be/dsyaiYfbyZc

※ ▨ 處需於背面燙貼接著襯。

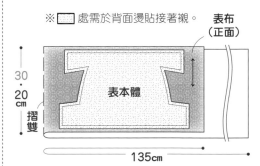

表布（正面）
30・20cm
摺雙
表本體
135cm

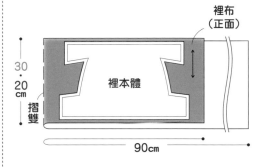

裡布（正面）
30・20cm
摺雙
裡本體
90cm

1. 製作表本體

※將拉鍊疊在鍊齒中心與表本體完成線相距0.7cm處。

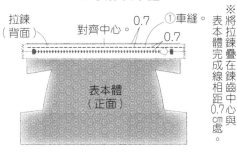

拉鍊（背面）
對齊中心。 0.7
①車縫
0.7
表本體（正面）

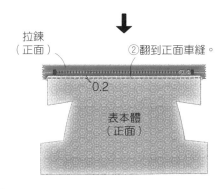

拉鍊（正面）
②翻到正面車縫。
0.2
表本體（正面）

<table>
<tr><td>

完成尺寸
寬26×長16×側身8cm
（提把26cm）
寬21×長13×側身5cm
（提把47.5cm）

原寸紙型
No.37 **D面**
No.38 **無**

</td><td>

材料（ ■…No.37 ・ ■…No.38）
表布（10號石蠟加工帆布）35cm×50cm
　　　　　　　　　　　　　55cm×20cm
裡布（棉厚織79號）35cm×50cm・30cm×50cm
配布（皮革）25cm×35cm・25cm×10cm
金屬拉鍊 20cm 1條
固定釦（頭7.2mm 腳8mm）2組

</td><td>

P.25_ No.**37**
皮革×帆布托特散步包
P.25_ No.**38**
皮革×帆布拉鍊波奇包

</td><td>

No.**37**
No.**38**

</td></tr>
</table>

---

⑥車縫。

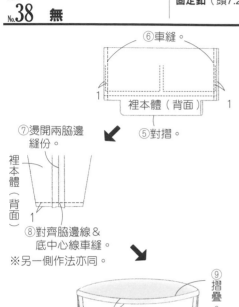

⑦燙開兩脇邊縫份。

⑤對摺。
①
裡本體（背面）

⑧對齊脇邊線＆底中心線車縫。
※另一側作法亦同。

⑨摺疊。

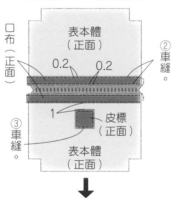

裡本體（背面）
①

2. 製作表本體

①參見P.18-3.安裝拉鍊。

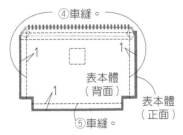

口布（正面）
表本體（正面）
0.2　0.2
②車縫。
③車縫。
皮標（正面）
①
表本體（正面）

④車縫。

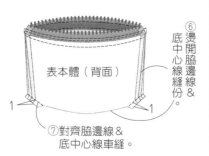

1　1
1　1
表本體（背面）
⑤車縫。
表本體（正面）

⑥燙開脇邊線縫份＆底中心線縫份。
⑦對齊脇邊線＆底中心線車縫。

---

⑦摺疊。

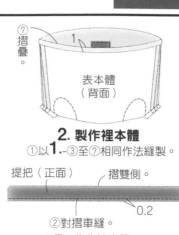

1
表本體（背面）

2. 製作裡本體

①以1.-①至⑦相同作法縫製。

提把（正面）　摺雙側。
0.2
②對摺車縫。
※另一條作法亦同。

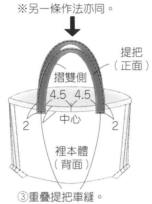

提把（正面）
摺雙側。
4.5　4.5
2　中心　2
裡本體（背面）

③重疊提把車縫。

3. 套疊表本體＆裡本體

0.2
裡本體（正面）
表本體（正面）

①表本體＆裡本體背面相對車縫。

No.**38**

1. 製作裡本體

0.5　摺雙側　①摺疊車縫。
內口袋（正面・裡側）
0.7　0.7
②摺疊。
裡本體（正面）

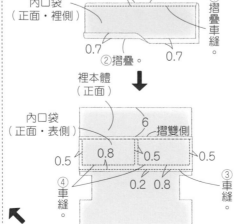

內口袋（正面・表側）
摺雙側
0.5　0.8　0.5　0.5
④車縫。　0.2　0.8　③車縫。

（裁布圖）

※除了護底皮革之外無原寸紙型，
請依標示尺寸（已含縫份）直接裁剪。

No.**37**

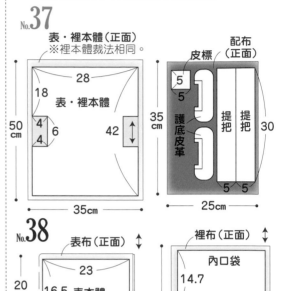

表・裡本體（正面）
※裡本體裁法相同。

50cm
28
18
表・裡本體
4 6
4 42
35cm

皮標　配布（正面）
5
5
護底皮革　提把　提把
5 5
30

35cm
25cm

No.**38**

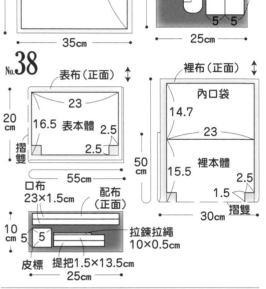

表布（正面）
20cm
23
16.5　表本體　2.5
2.5
摺雙
55cm

裡布（正面）
內口袋
14.7
23
裡本體
15.5　2.5
1.5
50cm
30cm　摺雙

口布 23×1.5
配布（正面）
10cm
5　5
皮標　提把1.5×13.5cm
拉鍊拉繩 10×0.5
25cm

No.**37**

1. 製作表本體

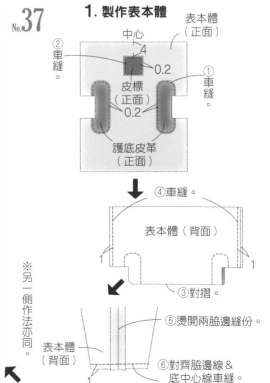

中心
4
②車縫。
0.2
①車縫。
皮標（正面）
0.2
護底皮革（正面）
表本體（正面）

④車縫。

表本體（背面）
③對摺

⑤燙開兩脇邊縫份。

※另一側作法亦同。

表本體（背面）
1
⑥對齊脇邊線＆底中心線車縫。

96

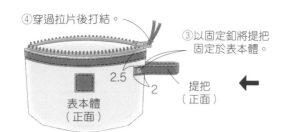

④穿過拉片後打結。

③以固定釦將提把固定於表本體。

2.5

2

提把（正面）

表本體（正面）

3. 接縫提把

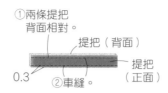

①兩條提把背面相對。

提把（背面）

0.3

②車縫。

提把（正面）

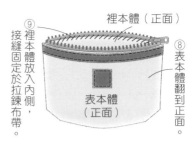

⑨裡本體放入內側，接縫固定於拉鍊布帶。

裡本體（正面）

⑧表本體翻到正面。

表本體（正面）

完成尺寸	材料
寬12.5×長15.5×側身5cm	表布（進口緹花布）138cm×25cm
	裡布（棉布）90cm×25cm
原寸紙型	提把口金（寬12cm）1個
D面	

P.32_ No.42
圓提把口金波奇包

P.32_ No.43
三角提把口金波奇包

No.42　No.43

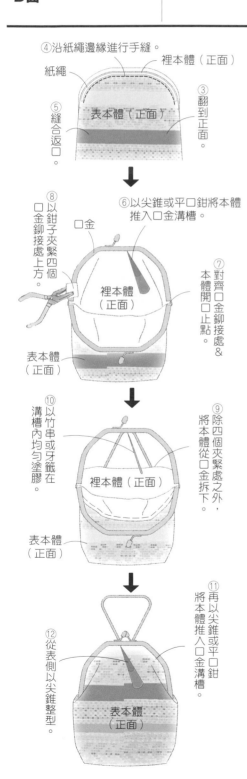

④沿紙繩邊緣進行手縫。

裡本體（正面）

紙繩

③翻到正面。

⑤縫合返口。

表本體（正面）

⑥以尖錐或平口鉗將本體推入口金溝槽。

口金

裡本體（正面）

⑦對齊口金鉚接處＆本體開口止點。

表本體（正面）

⑧以鉗子夾緊四個口金鉚接處上方。

⑩以竹串或牙籤在溝槽內均勻塗膠。

裡本體（正面）

⑨將除四個夾緊處之外，本體從口金拆下。

表本體（正面）

⑪再以尖錐或平口鉗將本體推入口金溝槽。

⑫從表側以尖錐整型。

表本體（正面）

---

2. 製作裡本體

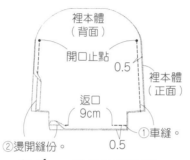

裡本體（背面）

開口止點

0.5

裡本體（正面）

返口9cm

①車縫。

②燙開縫份。

0.5

③以 **1.** -③相同作法車縫側身。

3. 套疊表本體＆裡本體

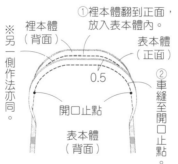

①裡本體翻到正面，放入表本體內。

裡本體（背面）

表本體（正面）

※另一側作法亦同。

0.5

②車縫至開口止點。

開口止點

表本體（背面）

4. 安裝口金

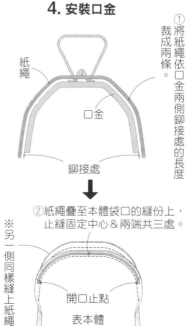

①將紙繩依口金兩側鉚接處的長度裁成兩條。

紙繩

口金

鉚接處

②紙繩疊至本體袋口的縫份上，止縫固定中心＆兩端共三處。

※另一側同樣縫上紙繩。

開口止點

表本體（背面）

掃QR Code
看作法影片！

https://youtu.be/XlzqcjeXod4

裁布圖　表・裡布（正面）

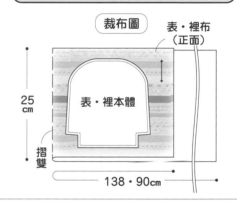

25cm

表・裡本體

摺雙

138・90cm

1. 製作表本體

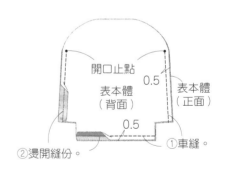

開口止點

0.5

表本體（背面）

表本體（正面）

0.5

②燙開縫份。

①車縫。

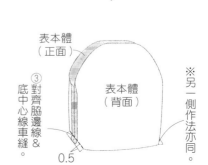

表本體（正面）

③對齊脇邊線＆底中心線車縫。

表本體（背面）

※另一側作法亦同。

0.5

全開式波奇包M・S

完成尺寸
M：寬17.5×長8.5×側身8.5cm
S：寬15.5×長7.5×側身7.5cm

原寸紙型
B面

材料
表布（進口刺繡布）140cm×25cm
裡布（棉布）90cm×25cm
接著襯（Swany Soft）92cm×20cm
FLATKNIT 拉鍊 50cm 1條

掃QR Code 看作法影片！
https://youtu.be/Q0knZuu2ASc

---

4. 接縫斜布條

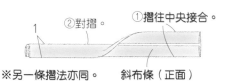

①摺往中央接合。
②對摺。
※另一條摺法亦同。
斜布條（正面）

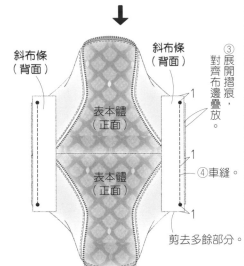

斜布條（背面）
斜布條（背面）
斜布條（背面）
表本體（正面）
表本體（正面）
③展開摺痕，對齊布邊疊放。
④車縫。
剪去多餘部分。

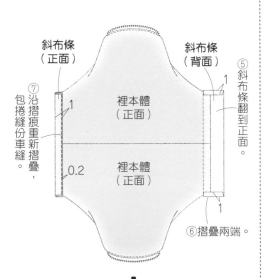

斜布條（正面）
斜布條（背面）
裡本體（正面）
裡本體（正面）
⑤斜布條翻到正面。
⑥摺疊兩端。
⑦沿摺痕重新摺疊，包捲縫份車縫。
0.2

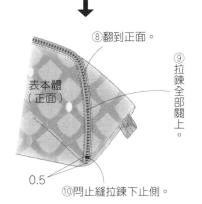

⑧翻到正面。
表本體（正面）
⑨拉鍊全部關上。
0.5
⑩閂止縫拉鍊下止側。

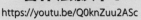

0.7　⑤車縫。
表本體（正面）
裡本體（背面）
⑥翻到正面車縫。
拉鍊（正面）

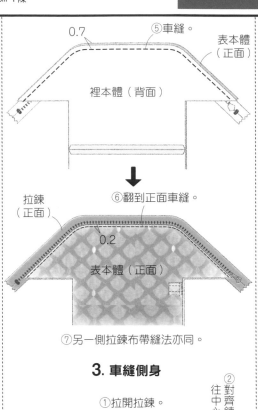

0.2
表本體（正面）
⑦另一側拉鍊布帶縫法亦同。

3. 車縫側身

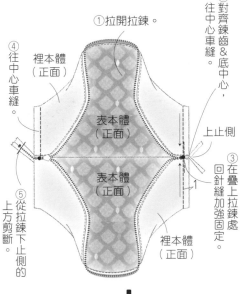

①拉開拉鍊。
④往中心車縫。
裡本體（正面）
表本體（正面）
表本體（正面）
裡本體（正面）
⑤從拉鍊下止側的上方剪斷。
②對齊錬齒＆底中心，往中心車縫。
上止側
③回針縫加強固定。

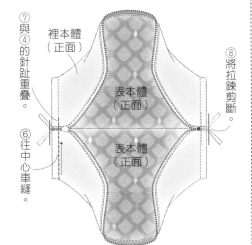

⑦與④的針趾重疊。
裡本體（正面）
表本體（正面）
表本體（正面）
⑥往中心車縫。
⑧將拉鍊剪斷。

〔裁布圖〕

※耳絆＆斜布條無原寸紙型，請依標示尺寸（已含縫份）直接裁剪。
※□ 處需於背面燙貼接著襯。

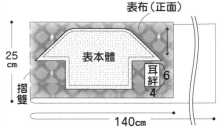

表布（正面）
表本體
耳絆
25cm
摺雙
140cm
6
4

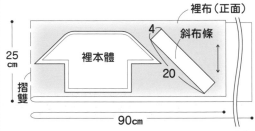

裡布（正面）
裡本體
斜布條
25cm
摺雙
90cm
4
20

1. 製作耳絆

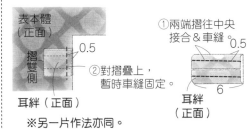

表本體（正面）
摺雙側
0.5
耳絆（正面）
①兩端摺往中央接合＆車縫。
②對摺疊上，暫時車縫固定。
0.5
耳絆（正面）
6
※另一片作法亦同。

2. 安裝拉鍊

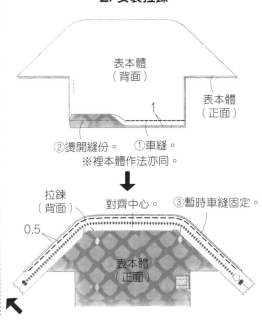

表本體（背面）
表本體（正面）
1
②燙開縫份。
①車縫。
※裡本體作法亦同。
拉鍊（背面）
對齊中心。
③暫時車縫固定。
0.5
表本體（正面）

完成尺寸
寬21×長11×側身8cm
寬17.5×長9.5×側身7cm

原寸紙型
D面

材料（■···M・■···S・■···共用）
表布（進口刺繡布）128cm×20cm
裡布（棉布）90cm×35cm／**配布**（麻布）105cm×15cm
接著襯（Swany Soft）92cm×35cm
3號尼龍拉鍊 30cm・25cm 1條

P.33_ No.**45**
圓弧化妝包M・S

掃QR Code
看作法影片！
https://youtu.be/YFDf6E0UvlE

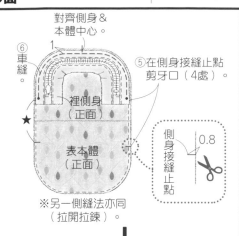

⑥車縫。
對齊側身&本體中心。
⑤在側身接縫止點剪牙口（4處）。
裡側身（正面）
表本體（正面）

側身接縫止點
0.8
※另一側縫法亦同（拉開拉鍊）。

裁布圖

配布（正面）
表拉鍊尾片3×3.5cm
表側身
15cm
105cm

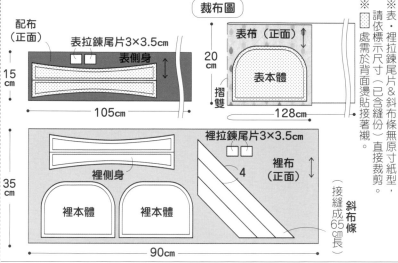

表布（正面）
20cm
表本體
摺雙
128cm

※表・裡拉鍊尾片&斜布條無原寸紙型，請依標示尺寸（已含縫份）直接裁剪。

※ □ 處需於背面燙貼接著襯。

裡拉鍊尾片3×3.5cm
裡側身
35cm
裡本體　裡本體
4
裡布（正面）
斜布條（接縫成65cm長）
90cm

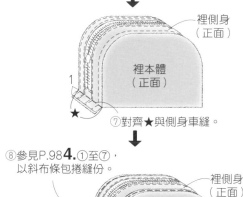

裡側身（正面）
裡本體（正面）
1
⑦對齊★與側身車縫。

⑧參見P.98 **4.**①至⑦，以斜布條包捲縫份。

裡側身（正面）
0.1
裡本體（正面）

⑨以斜布條包捲縫份。
裡側身（正面）
裡本體（正面）
0.1

❶摺疊。
1
❸車縫。
❷包捲縫份。
0.1

2. 製作本體

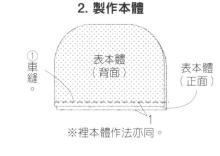

①車縫。
表本體（背面）
表本體（正面）
1
※裡本體作法亦同。

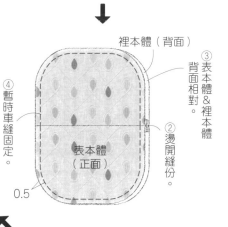

④暫時車縫固定。
裡本體（背面）
表本體&裡本體背面相對。
②燙開縫份。
表本體（正面）
0.5

※另一側作法亦同。

1. 安裝拉鍊

裡拉鍊尾片（背面）
拉鍊（正面）
裡拉鍊尾片（背面）
0.2
1
①車縫。
表拉鍊尾片（背面）
②翻到正面車縫。
表拉鍊尾片（背面）
3

③暫時車縫固定。
拉鍊（背面）
0.5
表側身（正面）

表側身（正面）
④車縫。
0.7
裡側身（背面）

※另一側作法亦同。

⑤翻到正面。
拉鍊（正面）
表側身（正面）
0.2
⑥車縫。

完成尺寸
寬21×長11×側身8cm

原寸紙型
無

材料
表布（領巾）66cm×66cm 2片

P.61_ No.**67**
吾妻袋

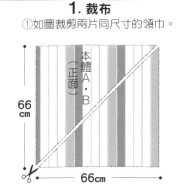

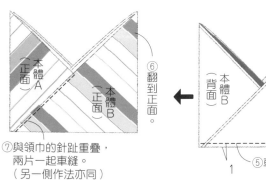

本體A（正面）
⑥翻到正面。
本體B（正面）
⑦與領巾的針趾重疊，兩片一起車縫。（另一側作法亦同）

2. 製作本體

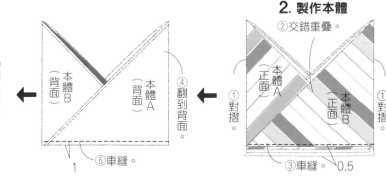

②交錯重疊。
本體A（正面）
本體B（背面）
④翻到背面。
本體A（正面）
本體B（正面）
①對摺
①對摺
③車縫。 0.5
⑤車縫。
本體A（背面）
本體B（正面）
1

1. 裁布
①如圖裁剪兩片同尺寸的領巾。

本體A・B（正面）
66cm
66cm

兩摺肩背包

完成尺寸
寬26×長15.5×側身3cm
（摺疊時）

原寸紙型
無

材料
表布（11號帆布）45cm×140cm
配布（11號帆布）80cm×20cm
裡布（棉厚織79號）85cm×40cm／四合釦 15mm 1組
接著襯（網眼硬襯）10cm×5cm
日型環 20mm 1個／D型環 20mm 1個

※標示尺寸已含縫份。
※▨▨▨處需於背面燙貼接著襯。

裁布圖

裡布（正面）
31
31 31
14
內口袋
40 cm
裡本體
摺雙
0.5
1.5
85cm

配布（正面）
20 cm
9 表底 1 4 1.5
4 帶布 31
裝飾布A 裝飾布B 7
裝飾布A 裝飾布B 7
14.5 27
80cm

表布（正面）
4 4
外口袋（1片）
14
15
吊耳（1片）
4 4.5
69.5
表肩帶 裡肩帶
65.5
31
3.8 3 3
32.5 表本體
1.5 0.5
摺雙
45cm

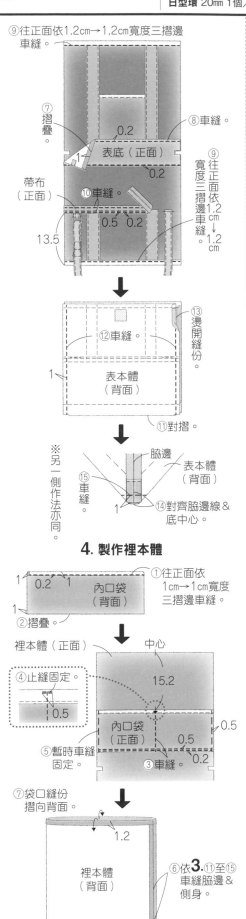

⑨往正面依1.2cm→1.2cm寬度三摺邊車縫。
⑦摺疊。
⑧車縫。
0.2
表底（正面）
0.2
帶布（正面）
⑩車縫。
0.5 0.2
13.5
⑨往正面三摺邊依1.2cm→1.2cm車縫。

⑬燙開縫份。
⑫車縫。
表本體（背面）
1
⑪對摺。

脇邊
表本體（背面）
⑮車縫。
1
⑭對齊脇邊線&底中心。
※另一側作法亦同。

4. 製作裡本體
1 0.2 1
內口袋（背面）
1
②摺疊。

裡本體（正面）
中心
15.2
④止縫固定。
0.5
內口袋（正面）
0.5 0.5
⑤暫時車縫固定。
③車縫。
0.2

⑦袋口縫份摺向背面。
1.2
裡本體（背面）
⑥依3.⑪至⑮車縫脇邊&側身。

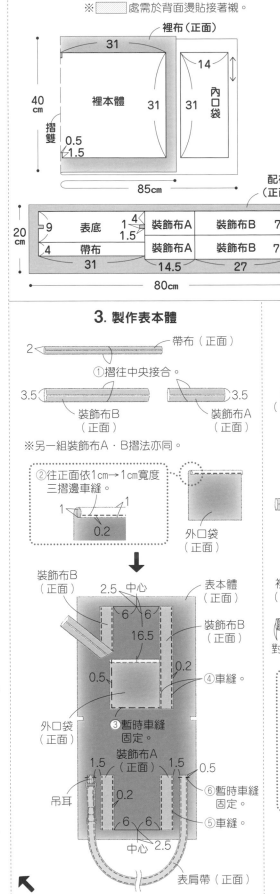

3. 製作表本體
帶布（正面）
2
①摺往中央接合。
3.5
裝飾布B（正面）
3.5
裝飾布A（正面）
②往正面依1cm→1cm寬度三摺邊車縫。
1 1
0.2
外口袋（正面）
※另一組裝飾布A‧B摺法亦同。

裝飾布B（正面）
2.5 中心
6 6
表本體（正面）
裝飾布B（正面）
16.5
0.5 0.2
④車縫。
外口袋（正面）
③暫時車縫固定。
裝飾布A（正面）
1.5 1.5
0.2
⑥暫時車縫固定。
6 6
⑤車縫。
吊耳
中心 2.5
表肩帶（正面）

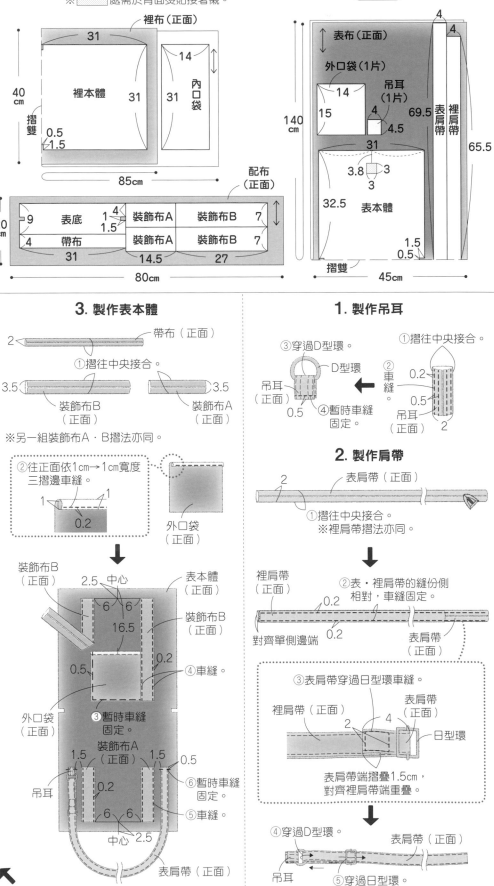

1. 製作吊耳
③穿過D型環。
①摺往中央接合。
D型環
吊耳（正面）
②車縫。
0.2
0.5
④暫時車縫固定。
0.5
吊耳（正面）
2

2. 製作肩帶
2
表肩帶（正面）
①摺往中央接合。
※裡肩帶摺法亦同。

裡肩帶（正面）
0.2
②表‧裡肩帶的縫份側相對，車縫固定。
0.2
對齊單側邊端
表肩帶（正面）

③表肩帶穿過日型環車縫。
裡肩帶（正面）
表肩帶（正面）
2 4
日型環
表肩帶端摺疊1.5cm，對齊裡肩帶端重疊。

④穿過D型環。
表肩帶（正面）
吊耳
⑤穿過日型環。

100

5. 完成

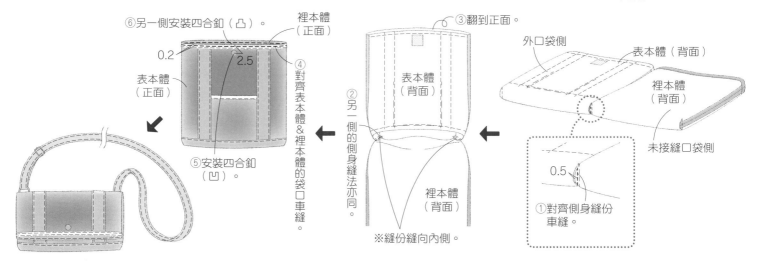

⑥另一側安裝四合釦（凸）。

裡本體（正面）

0.2

2.5

表本體（正面）

④對齊表本體&裡本體的袋口車縫。

⑤安裝四合釦（凹）。

③翻到正面。

表本體（背面）

②另一側的側身縫法亦同。

裡本體（背面）

※縫份縫向內側。

外口袋側

表本體（背面）

裡本體（背面）

未接縫口袋側

0.5

①對齊側身縫份車縫。

完成尺寸	材料	
寬16.5×長11×側身7.5cm	表布（進口緹花布）140cm×20cm	
原寸紙型	裡布（棉布）90cm×20cm	
D面	接著襯（Swany Soft）92cm×20cm	
	尼龍拉鍊 15cm 1條	

P.33_No.44
方形化妝包

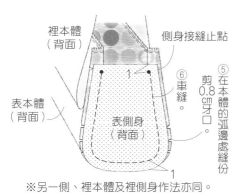

裡本體（背面）

側身接縫止點

表本體（背面）

表側身（背面）

⑥車縫。

⑤在本體的弧邊處縫份

剪0.8cm牙口。

①1

※另一側、裡本體及裡側身作法亦同。

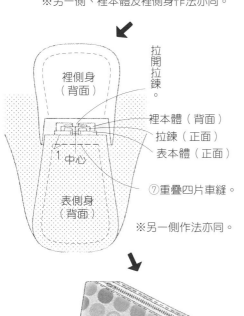

拉開拉鍊。

裡側身（背面）

裡本體（背面）

拉鍊（正面）

表本體（正面）

1 中心

表側身（背面）

⑦重疊四片車縫。

※另一側作法亦同。

⑧翻到正面，縫合返口。

---

③翻到正面車縫。

拉鍊（正面）

0.2

表本體（正面）

裡本體（背面）

※拉鍊另一側縫法亦同。

2. 製作本體

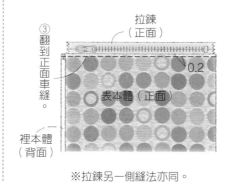

裡本體（正面）

返口11cm

1

③車縫。

②表本體&裡本體各自正面相對。

裡本體（背面）

①在側身接縫止點剪0.8cm牙口。

④燙開縫份。

表本體（正面）

表本體（背面）

1

掃QR Code 看作法影片！
https://youtu.be/FCQ38aF9ncw

裁布圖

※表‧裡本體無原寸紙型，請依標示尺寸（已含縫份）直接裁剪。

※□處需於背面燙貼接著襯（僅表本體&表側身）。

※Ｉ處需剪牙口作合印記號。

表‧裡布（正面）
※裡布裁法相同。

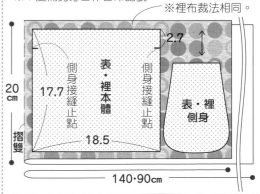

20cm

摺雙

2.7

17.7

側身接縫止點

表‧裡本體

側身接縫止點

表‧裡側身

18.5

140‧90cm

---

1. 安裝拉鍊

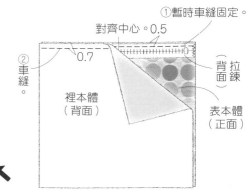

①暫時車縫固定。

對齊中心。0.5

②車縫。

0.7

裡本體（背面）

背面拉鍊

表本體（正面）

101

2. 製作胸前片

① 縫份依1cm→1cm寬度三摺邊車縫。

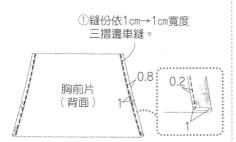

胸前片（背面）
0.8　0.2
1　1

3. 製作拼接布

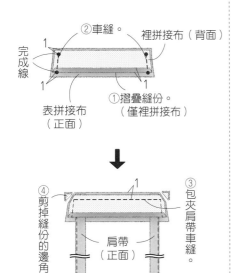

② 車縫。
裡拼接布（背面）
完成線
1　1
1
表拼接布（正面）
① 摺疊縫份。（僅裡拼接布）

④ 剪掉縫份的邊角。
1
③ 包夾肩帶車縫。
肩帶（正面）

⑤ 翻到正面。
肩帶（正面）
表拼接布（背面）
裡拼接布（正面）

4. 疊合胸前片＆拼接布

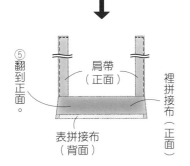

表拼接布（背面）
① 車縫。
1
胸前片（正面）
肩帶（正面）

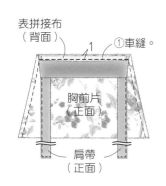

裁布圖

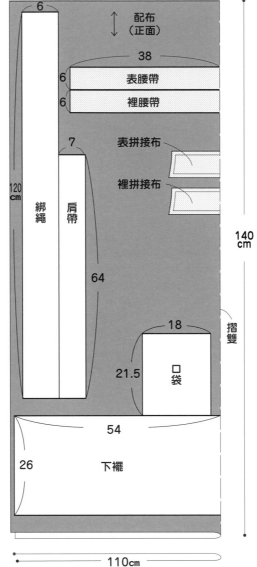

6
配布（正面）
38
6　表腰帶
6　裡腰帶
7　表拼接布
裡拼接布
120cm
綁繩　肩帶
64
18
21.5　口袋
54
26　下襬
110cm

裁布圖

※除了胸前片及表・裡拼接布之外無原寸紙型，請依標示尺寸（已含縫份）直接裁剪。
※ 「 」處需加上合印。
※ ▨▨▨ 處需於背面燙貼接著襯。

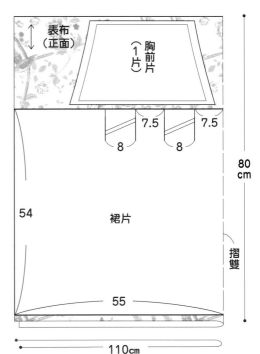

140cm
表布（正面）
胸前片（1片）
7.5　7.5
8　8
80cm
54　裙片
55
摺雙
110cm

1. 製作肩帶・綁繩

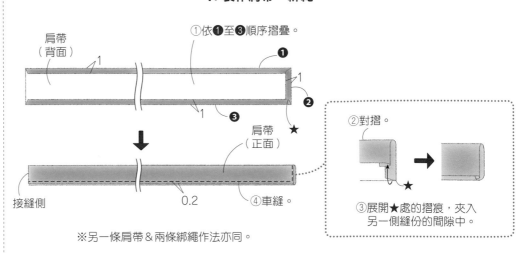

肩帶（背面）
1
① 依❶至❸順序摺疊。
❶
1
❸　❷
肩帶（正面）
★
接縫側
0.2
④ 車縫。

② 對摺。
③ 展開★處的摺痕，夾入另一側縫份的間隙中。

※另一條肩帶＆兩條綁繩作法亦同。

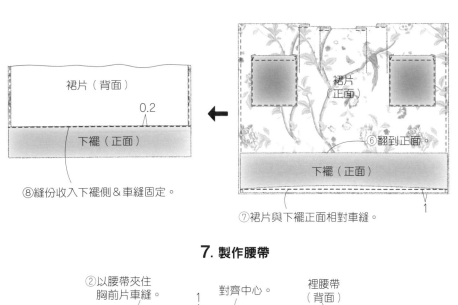

裙片（背面）

0.2

下襬（正面）

⑧縫份收入下襬側＆車縫固定。

裙片（正面）

⑥翻到正面。

下襬（正面）

⑦裙片與下襬正面相對車縫。

1

7. 製作腰帶

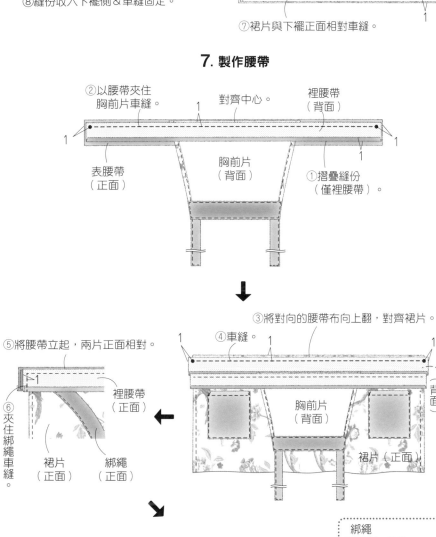

②以腰帶夾住胸前片車縫。

對齊中心。

1

裡腰帶（背面）

1

表腰帶（正面）

胸前片（背面）

1

1

①摺疊縫份（僅裡腰帶）。

⑤將腰帶立起，兩片正面相對。

7

1

裡腰帶（正面）

⑥夾住綁繩車縫。

裙片（正面）

綁繩（正面）

③將對向的腰帶布向上翻，對齊裙片。

1

④車縫。

1

1

胸前片（背面）

表腰帶（背面）

裙片（正面）

綁繩（正面）

0.2

裡腰帶（正面）

1

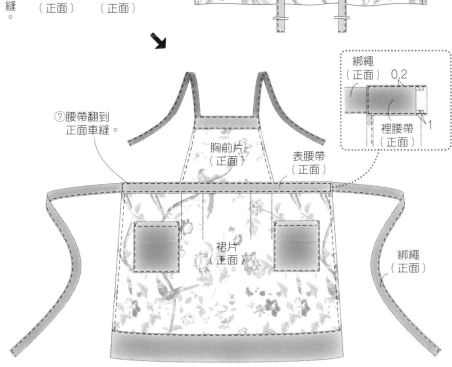

⑦腰帶翻到正面車縫。

胸前片（正面）

表腰帶（正面）

裙片（正面）

綁繩（正面）

肩帶（正面）

裡拼接布（正面）

0.2

②縫份收入拼接布之間。

③車縫。

胸前片（背面）

5. 接縫口袋

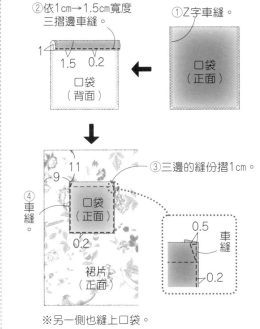

②依1cm→1.5cm寬度三摺邊車縫。

①Z字車縫。

1.5   0.2

口袋（背面）

口袋（正面）

11
9

③三邊的縫份摺1cm。

④車縫。

口袋（正面）

0.2

裙片（正面）

0.5

車縫

0.2

※另一側也縫上口袋。

6. 製作裙片

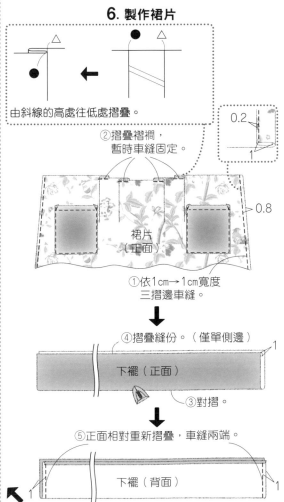

由斜線的高處往低處摺疊。

0.2

1

②摺疊褶襉，暫時車縫固定。

0.8

裙片（正面）

①依1cm→1cm寬度三摺邊車縫。

④摺疊縫份。（僅單側邊）

1

下襬（正面）

③對摺。

⑤正面相對重新摺疊，車縫兩端。

1

下襬（背面）

1

完成尺寸	材料
寬36×長21.5×側身24cm	表布（縱朱子織）110cm×100cm
原寸紙型	裡布（棉布）70cm×80cm／配布（皮革）25cm×10cm
B面	接著鋪棉 70cm×80cm／固定釦（頭7.2mm 腳8mm）8組
	絲絨緞帶 寬1.3cm 55cm

裁布圖

※除了表・裡蓋之外無原寸紙型，請依標示尺寸（已含縫份）直接裁剪。

配布（正面）

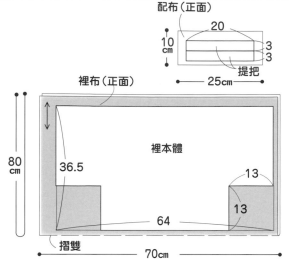

裡布（正面）

裡本體

80cm
36.5
13
13
64
摺雙
70cm

表布（正面）

※表本體粗裁成70cm×40cm，機縫壓線後再裁剪。

100cm
36.5
表本體
13
13
64
摺雙
110cm

表・裡蓋

---

1. 在表本體壓線

表本體（正面）
1.5

①在背面燙貼接著鋪棉。

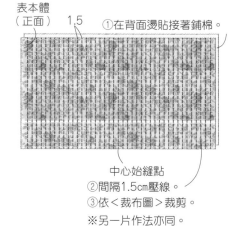

中心始縫點
②間隔1.5cm壓線。
③依＜裁布圖＞裁剪。
※另一片作法亦同。

2. 製作表本體＆裡本體

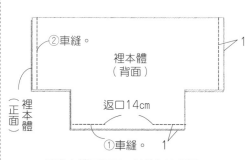

②車縫。
裡本體（背面）
1
裡本體（正面）
返口14cm
①車縫。 1

※表本體無返口，其餘作法相同。

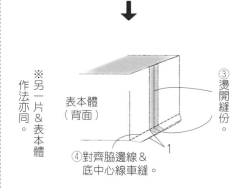

表本體（背面）
燙開縫份
④對齊脇邊線＆底中心線車縫。 1

---

3. 套疊表本體＆裡本體

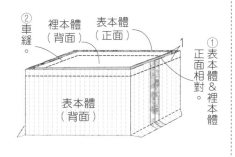

②車縫。
裡本體（背面）　表本體（正面）
①表本體＆裡本體正面相對。
表本體（背面）
1

④摺疊車縫（4處）。
裡本體（正面）
0.5
5
13
表本體（正面）
③縫合返口，翻到正面。

4. 製作盒蓋

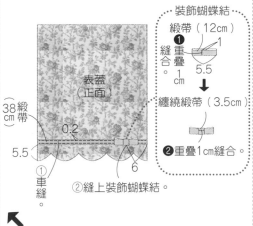

裝飾蝴蝶結
緞帶（12cm）
❶重疊1cm縫合。
5.5
纏繞緞帶（3.5cm）
❷重疊1cm縫合。

38cm緞帶
表蓋（正面）
0.2
5.5
6
①車縫。
②縫上裝飾蝴蝶結。
※另一片＆表本體作法亦同。

---

5. 接縫耳絆＆盒蓋

脇邊線
4.5　8　8
0.5
0.6
提把（正面）　固定釦

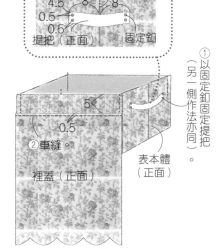

①以固定釦固定提把（另一側作法亦同）。
5
②車縫。
裡蓋（正面）　0.5
表本體（正面）

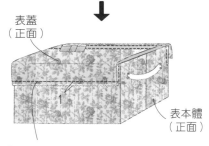

表蓋（正面）
1
③翻到盒蓋正面車縫。
表本體（正面）

裡蓋（背面）

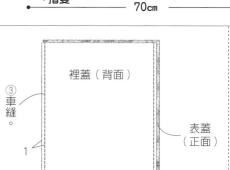

③車縫。
1
表蓋（正面）
④在弧邊處的縫份剪牙口。

104

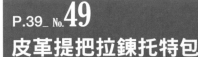

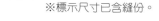

完成尺寸
寬30×長30×側身20cm

原寸紙型
無

材料
表布（縱朱子織）100cm×90cm
裡布（棉布）85cm×90cm／**接著襯**（厚）92cm×95cm
合成皮提把 長40cm 1組
VISLON拉鍊 40cm 1條

P.39_ No.49

皮革提把拉鍊托特包

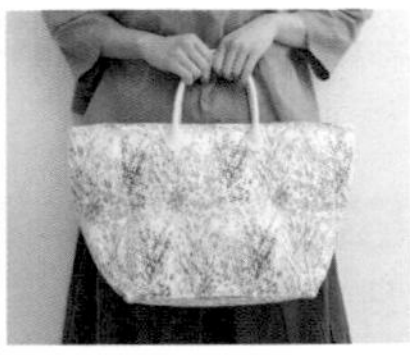

裁布圖

※ ▒處需於背面燙貼接著襯。
※ Ι處需剪0.8cm牙口。
※標示尺寸已含縫份。

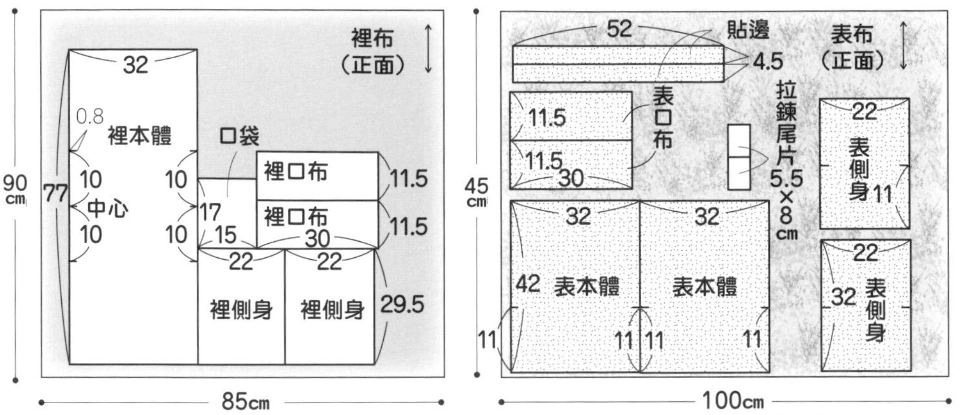

裡布（正面）
32
0.8
裡本體
口袋
10
中心
10
77
90cm
17
15
裡口布
裡口布
11.5
11.5
30
22
22
裡側身
裡側身
29.5
85cm
表布（正面）
52
貼邊
4.5
表口布
11.5
11.5
30
拉鍊尾片 5.5×8cm
22
表側身
11
32
32
42
表本體
表本體
11
22
32
表側身
45cm
100cm

1. 製作表本體

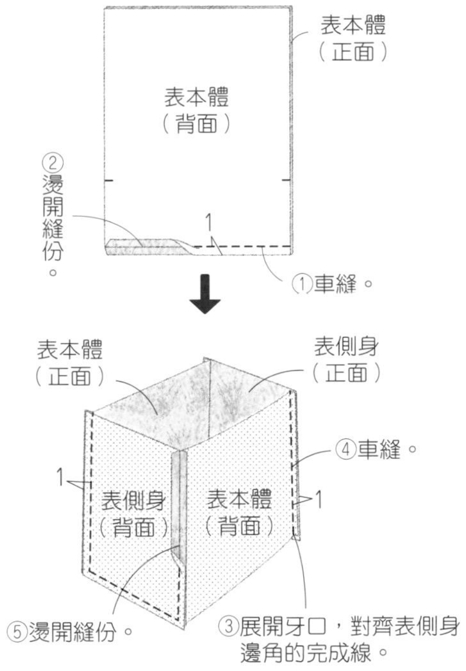

表本體（正面）
表本體（背面）
②燙開縫份。
1
①車縫。
表本體（正面）
表側身（正面）
④車縫。
表側身（背面）
表本體（背面）
⑤燙開縫份。
③展開牙口，對齊表側身邊角的完成線。

2. 接縫拉鍊側身

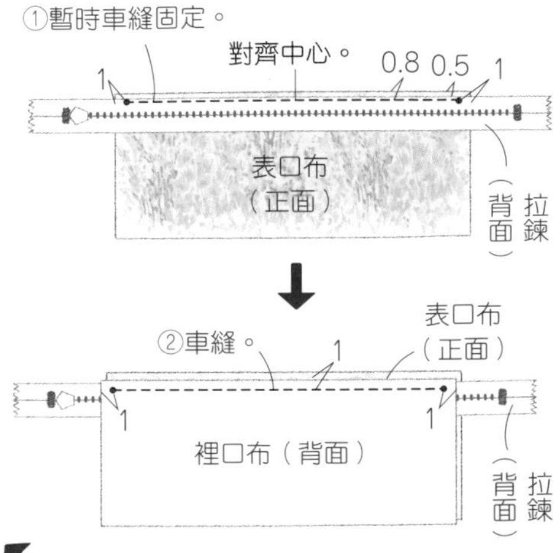

①暫時車縫固定。
對齊中心。
0.8
0.5
1
表口布（正面）
拉鍊（背面）
②車縫。
表口布（正面）
裡口布（背面）
拉鍊（背面）

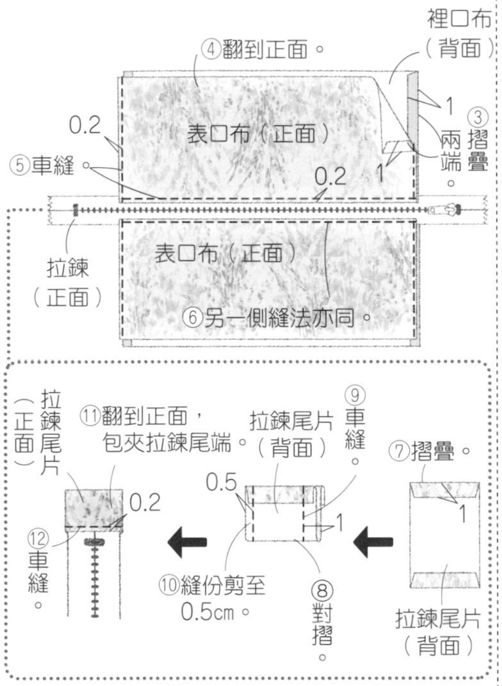

裡口布（背面）
④翻到正面。
①兩端摺疊。
0.2
表口布（正面）
⑤車縫
0.2
拉鍊（正面）
表口布（正面）
⑥另一側縫法亦同。
拉鍊尾片（正面）
⑪翻到正面，包夾拉鍊尾端。
拉鍊尾片（背面）
⑨車縫。
⑦摺疊。
0.2
0.5
⑫車縫。
⑩縫份剪至0.5cm。
⑧對摺。
拉鍊尾片（背面）

3. 製作裡本體

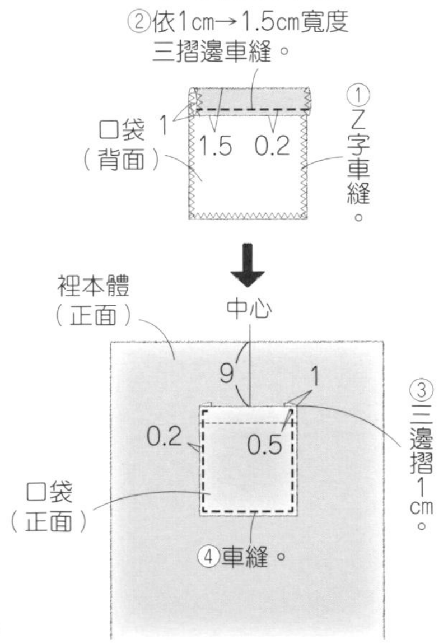

②依1cm→1.5cm寬度三摺邊車縫。
口袋（背面）
1.5
0.2
①Z字車縫。
裡本體（正面）
中心
9
1
0.2
0.5
③三邊摺1cm。
口袋（正面）
④車縫。

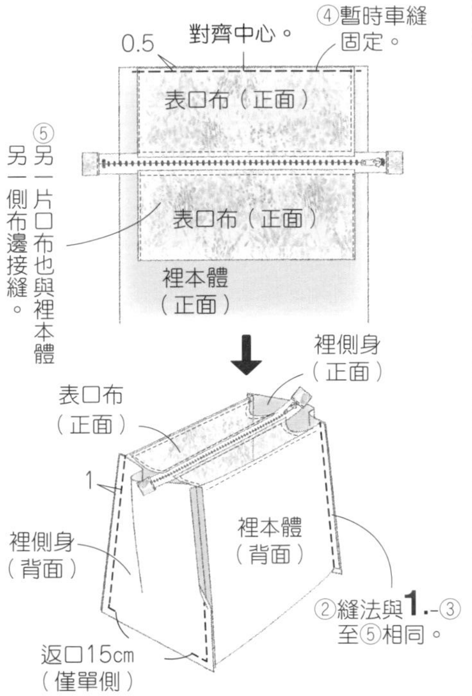

0.5
對齊中心。
④暫時車縫固定。
表口布（正面）
⑤另一片口布也與另一側布邊接縫。
表口布（正面）
裡本體（正面）
裡側身（正面）
表口布（正面）
1
裡側身（背面）
裡本體（背面）
②縫法與1.-③至⑤相同。
返口15cm（僅單側）

4. 接縫貼邊

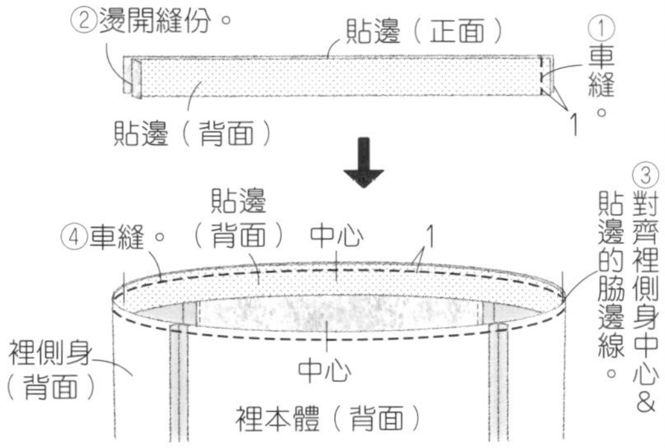

②燙開縫份。
貼邊（正面）
①車縫。
貼邊（背面）
1
貼邊（背面）
④車縫。
中心
③對齊裡側身中心&貼邊的脇邊線。
裡側身（背面）
中心
裡本體（背面）

5. 套疊表本體&裡本體

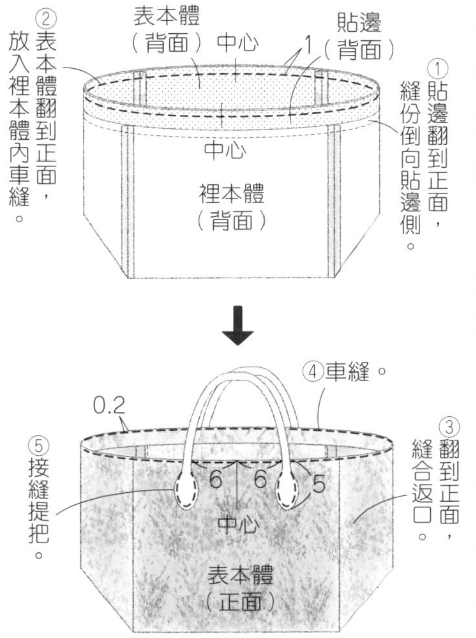

表本體（背面）
中心
貼邊（背面）
②表本體翻到正面，放入裡本體內車縫。
①貼邊翻到正面，縫份倒向貼邊側。
中心
裡本體（背面）
④車縫。
0.2
⑤接縫提把。
6
6
5
中心
③翻到正面，縫合返口。
表本體（正面）

完成尺寸
寬36×長26cm

原寸紙型
無

材料
表布（Tana Lawn）45cm×60cm／配布（亞麻布）45cm×30cm
裡布（亞麻布）80cm×80cm／接著襯（AM-W3）45cm×70cm
接著鋪棉（薄）45cm×60cm／雙開尼龍拉鍊 30cm 1條
磁釦（手縫式）10mm 1組

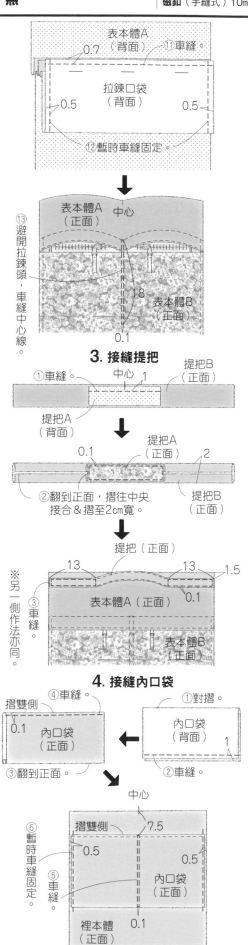

表本體A（背面）
0.7　⑪車縫。
拉鍊口袋（背面）
0.5　0.5
⑫暫時車縫固定。

⑬避開拉鍊頭，車縫中心線。
表本體A中心（正面）
18
表本體B（正面）
0.1

3. 接縫提把

①車縫。
中心　1
提把B（正面）
提把A（背面）
提把A（正面）
0.1　2
提把B（正面）
②翻到正面，摺往中央接合＆摺至2cm寬。

提把（正面）
13　13　1.5
表本體A（正面）
0.1
③車縫。
表本體B（正面）
※另一側作法亦同。

4. 接縫內口袋

④車縫。
摺雙側
0.1　內口袋（正面）
①對摺。
內口袋（背面）　1
②車縫。
③翻到正面。

中心
⑥暫時車縫固定。
摺雙側　7.5
0.5　0.5
⑤車縫。
內口袋（正面）
裡本體（正面）　0.1

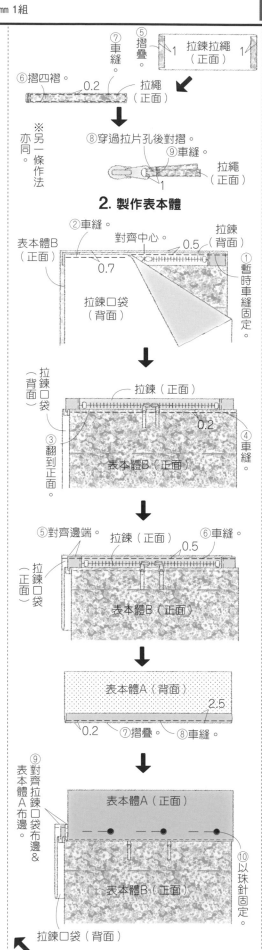

⑤摺疊　拉鍊拉繩（正面）1
⑦車縫。
⑥摺四褶。　0.2　拉繩（正面）
※另一條作法亦同。
⑧穿過拉片孔後對摺。
⑨車縫。
拉繩（正面）1

2. 製作表本體

②車縫。　對齊中心。　拉鍊（背面）0.5
表本體B（正面）
0.7
拉鍊口袋（背面）
①暫時車縫固定。

拉鍊（正面）
0.2
③翻到正面。
拉鍊口袋（背面）
表本體B（正面）
④車縫。

⑤對齊邊端。　拉鍊（正面）0.5　⑥車縫。
拉鍊口袋（正面）
表本體B（正面）

表本體A（背面）
2.5
0.2　⑦摺疊。　⑧車縫。

⑨對齊拉鍊口袋布邊＆表本體A布邊。
表本體A（正面）
●　●　●
表本體B（正面）
⑩以珠針固定。
拉鍊口袋（背面）

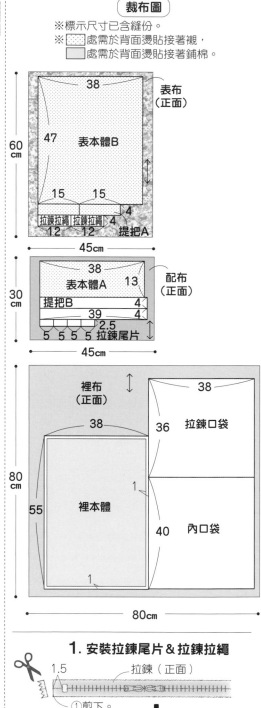

裁布圖

※標示尺寸已含縫份。
※ ▨ 處需於背面燙貼接著襯，
▦ 處需於背面燙貼接著鋪棉。

表布（正面）
38
47　表本體B
60cm
15　15　4
拉鍊拉繩　拉鍊拉繩　4
12　12　提把A
45cm

配布（正面）
38
表本體A　13
30cm
提把B　4
39　4
2.5
5　5　5　5　拉鍊尾片
45cm

裡布（正面）
38
裡本體
38
拉鍊口袋　36
80cm　55
1
內口袋　40
1
80cm

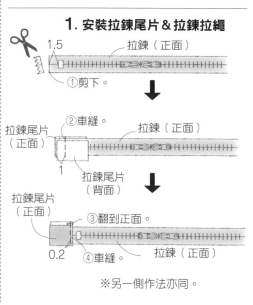

1. 安裝拉鍊尾片＆拉鍊拉繩

1.5　拉鍊（正面）
①剪下。

拉鍊尾片（正面）
②車縫。　拉鍊（正面）
1
拉鍊尾片（背面）

拉鍊尾片（正面）
③翻到正面。
0.2　④車縫。　拉鍊（正面）

※另一側作法亦同。

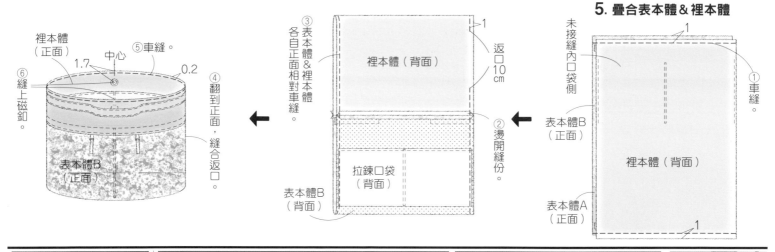

⑤車縫。

⑥縫上磁釦。

裡本體（正面）

1.7 中心 0.2

④翻到正面，縫合返口。

表本體B（正面）

③表本體&裡本體各自正面相對車縫。

裡本體（背面）

1

返口10cm

②燙開縫份。

拉鍊口袋（背面）

表本體B（背面）

表本體B（背面）

5. 疊合表本體&裡本體

未接縫內口袋側

①車縫。

表本體B（正面）

裡本體（背面）

表本體A（正面）

1

1

完成尺寸	材料	
寬28×長24cm（提把29cm） **原寸紙型** **D面**	**表布**（縱朱子織）110cm×40cm **裡布**（棉布）70cm×30cm **接著襯**（AM-W3）55cm×30cm **皮革提把** 寬4cm 50cm 2條	**P.39_ No.50** **抓皺包**

---

4. 製作裡本體

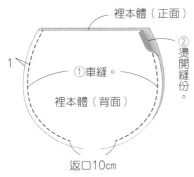

裡本體（正面）

1

①車縫。

裡本體（背面）

②燙開縫份。

返口10cm

5. 套疊表本體&裡本體

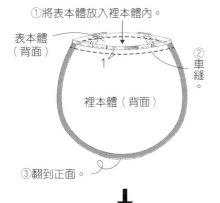

①將表本體放入裡本體內。

表本體（背面）

1

②車縫。

裡本體（背面）

③翻到正面。

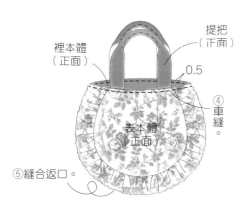

裡本體（正面）

提把（正面）

0.5

④車縫。

表本體（正面）

⑤縫合返口。

〔裁布圖〕

※表側身無原寸紙型，請依標示尺寸（已含縫份）直接裁剪。
※□□處需於背面燙貼接著襯。
※Ｉ處需加上合印。

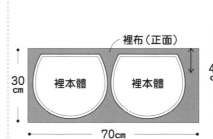

裡布（正面）

30cm

裡本體　裡本體

70cm

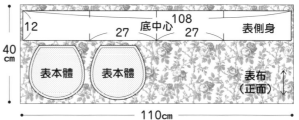

12　　27　底中心 108　27　　表側身

40cm

表本體　表本體

表布（正面）

110cm

---

3. 製作表本體

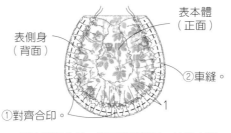

表側身（背面）

表本體（正面）

①對齊合印。

②車縫。

1

※表側身的另一邊同樣接縫另一片表本體。

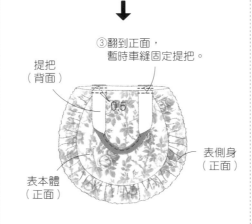

③翻到正面，暫時車縫固定提把。

提把（背面）

0.5

提把（正面）

表本體（正面）

表側身（正面）

---

1. 製作提把

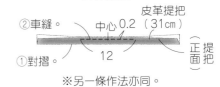

②車縫。

中心 0.2 皮革提把（31cm）

①對摺。

12

正面 提把

※另一條作法亦同。

2. 製作表側身

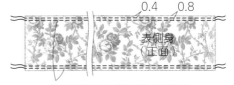

0.4　0.8

表側身（正面）

①以粗針趾車縫兩邊（兩條）。

②抽拉粗針趾車縫的上線，將表側身抽皺。

表側身（正面）

約56cm

完成尺寸	材料
寬27×長36×側身12cm	表布（Stylish Nylon）75cm×100cm

完成尺寸
寬27×長36×側身12cm

原寸紙型
D面

材料
表布（Stylish Nylon）75cm×100cm
裡布（Stylish Nylon）65cm×110cm
接著襯（背膠型泡棉接著襯1.5mm）45cm×45cm
雙開金屬拉鍊 60cm I 條／金屬拉鍊 20cm 1 條
尼龍織帶 寬2cm 270cm／滾邊條 寬2cm 230cm
梯扣 20mm 2個／布用雙面膠 寬5mm 80cm

P.44_ No.**54**
尼龍後背包

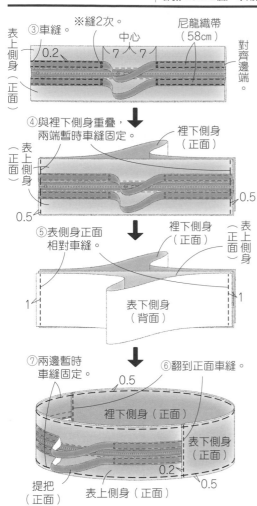

③車縫。 ※縫2次。
中心
尼龍織帶（58cm）
0.2
表上側身（正面）
對齊邊端。

④與裡下側身重疊，兩端暫時車縫固定。
裡下側身（正面）
表上側身（正面）
0.5
0.5

⑤表側身正面相對車縫。
裡下側身（正面）
裡上側身（正面）
表上側身（正面）
1
表下側身（背面）
1

⑦兩邊暫時車縫固定。
⑥翻到正面車縫。
0.5
裡下側身（正面）
表下側身（正面）
0.2
提把（正面）
表上側身（正面）
0.5

4. 製作內口袋

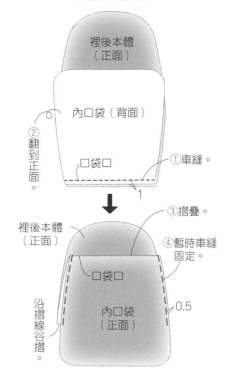

裡後本體（正面）
①車縫。
②翻到正面。
內口袋（背面）
口袋口
1

裡後本體（正面）
③摺疊。
④暫時車縫固定。
口袋口
沿摺線谷摺
內口袋（正面）
0.5

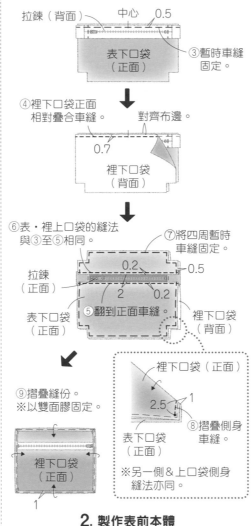

拉鍊（背面）
中心 0.5
表下口袋（正面）
③暫時車縫固定。

④裡下口袋正面相對疊合車縫。
對齊布邊。
0.7
裡下口袋（背面）

⑥表・裡上口袋的縫法與③至⑤相同。
拉鍊（正面）
⑦將四周暫時車縫固定。
0.2 0.5
2 0.2
表下口袋（正面）
⑤翻到正面車縫。
裡下口袋（背面）

⑨摺疊縫份。
※以雙面膠固定。
裡下口袋（正面）
1

裡下口袋（正面）
2.5 1
表下口袋（正面）
⑧摺疊側身車縫。
裡下口袋（正面）
1
※另一側＆上口袋側身縫法亦同。

2. 製作表前本體

②與裡前本體背面相對。
裡前本體（背面）
0.5
表前本體（正面）
0.2
①口袋疊至接縫位置車縫。
③將四周暫時車縫固定。
表下口袋（正面）

3. 製作側身

①表・裡上側身的縫法與1.①至⑤相同。
②剪去多餘部分。
0.2
2 0.2
表上側身（正面）
雙開拉鍊（正面）
裡上側身（背面）

裁布圖

※表・裡上側身、表・裡下側身、肩帶、拉鍊尾片無原寸紙型，請依標示尺寸（已含縫份）直接裁剪。
※▨▨處需於背面貼上接著襯。
※ I 處需剪牙口作合印記號。

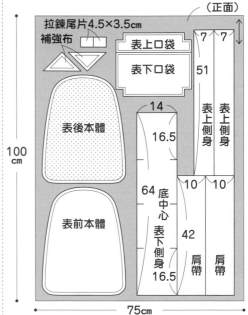

表布（正面）
拉鍊尾片4.5×3.5cm
補強布
表上口袋
表下口袋
表後本體
表前本體
100
7 7
51
表上側身 表上側身
14
16.5
10 10
64 底中心 表下側身 16.5
42
肩帶 肩帶
75cm

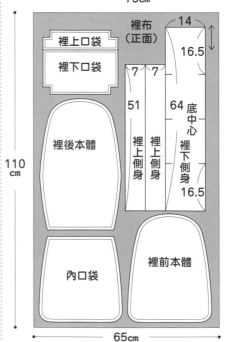

裡布（正面）
14
裡上口袋
裡下口袋
裡後本體
110 cm
7 7
51 64 底中心
16.5
裡上側身 裡上側身 裡下側身
16.5
內口袋
裡前本體
65cm

1. 製作口袋

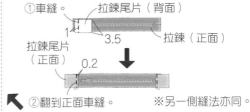

①車縫。
拉鍊尾片（背面）
1
3.5
拉鍊尾片（正面）
拉鍊（正面）

0.2
②翻到正面車縫。
※另一側縫法亦同。

108

7. 完成

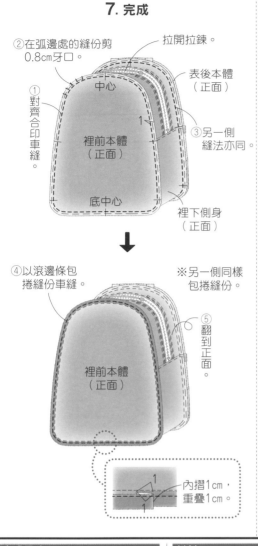

②在弧邊處的縫份剪0.8cm牙口。

拉開拉鍊。

表後本體（正面）

①對齊合印車縫。

中心

裡前本體（正面）

1

③另一側縫法亦同。

底中心

裡下側身（正面）

④以滾邊條包捲縫份車縫。

裡前本體（正面）

※另一側同樣包捲縫份。

⑤翻到正面。

內摺1cm，重疊1cm。

1
1

6. 製作表後本體

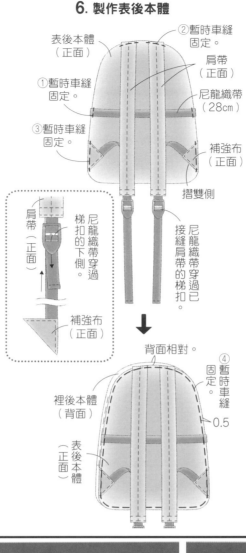

表後本體（正面）

②暫時車縫固定。

①暫時車縫固定。

肩帶（正面）

尼龍織帶（28cm）

③暫時車縫固定。

補強布（正面）

摺雙側

肩帶（正面）

梯扣的下側。

尼龍織帶穿過

補強布（正面）

接縫肩帶的梯扣。

尼龍織帶穿過已

背面相對。

裡後本體（背面）

④暫時車縫固定。

0.5

表後本體（正面）

5. 製作肩帶

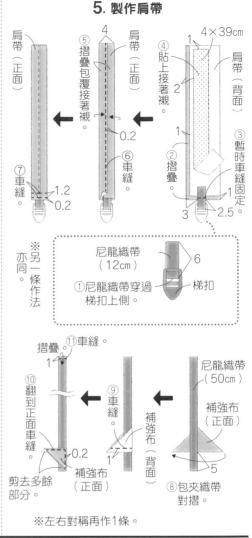

肩帶（正面）

⑤摺疊包覆接著襯。

4

肩帶（正面）

0.2

4×39cm

1

④貼上接著襯。

肩帶（背面）

2

1

⑦車縫。

1.2
0.2

⑥車縫。

②摺疊

③暫時車縫固定。

3
1
2.5

※另一條作法亦同。

尼龍織帶（12cm）

6

①尼龍織帶穿過梯扣上側。

梯扣

⑪車縫。

摺疊

1

⑩翻到正面車縫。

⑨車縫。

尼龍織帶（50cm）

補強布（正面）

0.2

補強布（背面）

1

剪去多餘部分。

補強布（正面）

⑧包夾織帶對摺。

5

※左右對稱再作1條。

完成尺寸	材料	P.60_ No.65
蝴蝶結長約55cm	表布（領巾）85cm×85cm 1片	蝴蝶結髮圈
原寸紙型	髮飾鬆緊帶 20cm	
無		

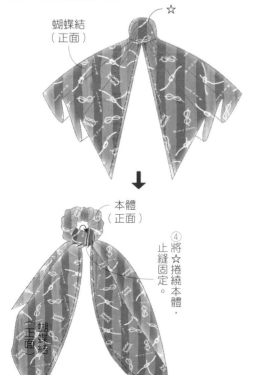

蝴蝶結（正面）

☆

本體（正面）

④止縫固定。

將☆捲繞本體，

蝴蝶結（正面）

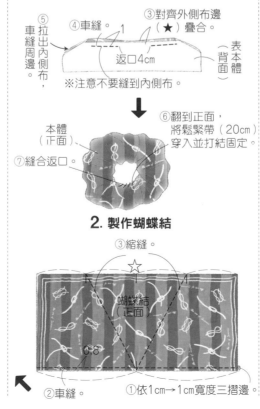

⑤車縫拉出內側布，車縫周邊，

④車縫。

1

③對齊外側布邊（★）疊合。

返口4cm

表本體（背面）

※注意不要縫到內側布。

本體（正面）

⑥翻到正面，將鬆緊帶（20cm）穿入並打結固定。

⑦縫合返口。

2. 製作蝴蝶結

③縮縫。

☆

蝴蝶結（正面）

0.8

②車縫。

①依1cm→1cm寬度三摺邊

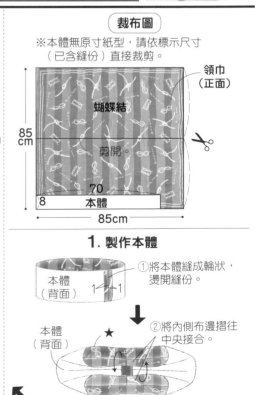

裁布圖

※本體無原寸紙型，請依標示尺寸（已含縫份）直接裁剪。

領巾（正面）

蝴蝶結

85cm

剪開。

70

8 本體

85cm

1. 製作本體

本體（背面）

①將本體縫成輪狀，燙開縫份。

1 1

②將內側布邊摺往中央接合。

本體（背面）

★
★

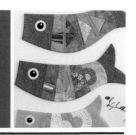

完成尺寸
寬約48×長約14cm

原寸紙型
B面

材料
表布A（棉布）25cm×20cm／表布B（棉布）35cm×20cm
裡布（棉布）65cm×50cm／配布A・B（棉布）各20cm×15cm
配布C（棉布）15cm×15cm／配布D（棉布）10cm×20cm
配布E（棉布）15cm×10cm／配布F（棉布）10cm×5cm
配布G（棉布）10cm×5cm／接著鋪棉（硬）50cm×40cm
不織布貼紙（白色）直徑0.7cm 1個

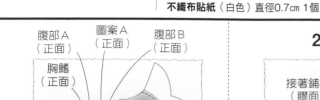

腹部A（正面）　圖案A（正面）　腹部B（正面）
胸鰭（正面）
頭（正面）
接著鋪棉

⑥依腹部B→圖案A→腹部A→胸鰭→
頭的順序，以④⑤相同作法縫上。

↓

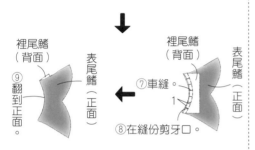

裡尾鰭（背面）
表尾鰭（正面）
裡尾鰭（背面）
表尾鰭（正面）
⑨翻到正面。
⑦車縫。
1
⑧在縫份剪牙口。

↓

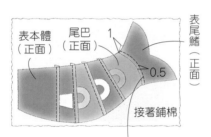

表本體（正面）
尾巴（正面）　1
表尾鰭（正面）
0.5
接著鋪棉

⑩尾鰭與尾巴重疊1cm，
以熨斗燙貼並車縫。

3. 接縫眼睛

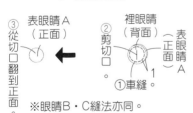

③從切口翻到正面。
表眼睛A（正面）
②剪切口
裡眼睛（背面）
表眼睛A（正面）
①車縫
1

※眼睛B・C縫法亦同。

↓

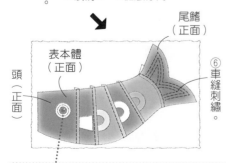

表本體（正面）
頭（正面）
尾鰭（正面）
⑥車縫刺繡。

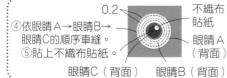

0.2
不織布貼紙
④依眼睛A→眼睛B→眼睛C的順序車縫。
⑤貼上不織布貼紙。
眼睛C（背面）　眼睛B（背面）
眼睛A（背面）

---

2. 製作表本體

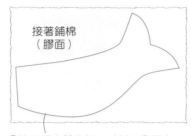

接著鋪棉（膠面）

①使用裡本體的紙型（紙型翻面）
　在接著鋪棉上描圖。

↓

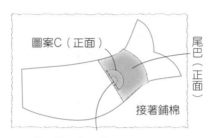

圖案C（正面）
尾巴（正面）
接著鋪棉

②以描圖為基準燙貼上尾巴，
　並將圖案C暫時車縫固定。

↓

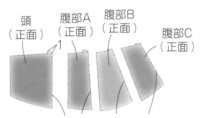

頭（正面）　腹部A（正面）　腹部B（正面）
腹部C（正面）
1

③將頭＆腹部A至C右側的
　縫份往背面摺1cm。

↓

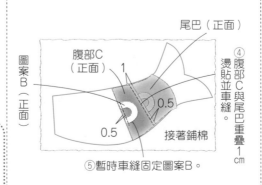

圖案B（正面）
腹部C（正面）　1
尾巴（正面）
④腹部C與尾巴重疊1cm燙貼並車縫。
0.5
0.5
接著鋪棉

⑤暫時車縫固定圖案B。

（裁布圖）

裁布圖

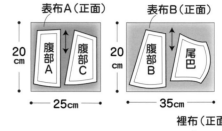

表布A（正面）
20cm
腹部A　腹部C
25cm

表布B（正面）
20cm
腹部B　尾巴
35cm

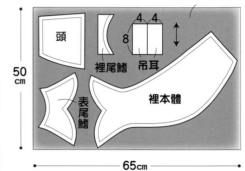

裡布（正面）
50cm
頭
4 4
8
裡尾鰭　吊耳
表尾鰭
裡本體
65cm

※除了裡本體之外的裡部件，紙型皆需再翻面使用。

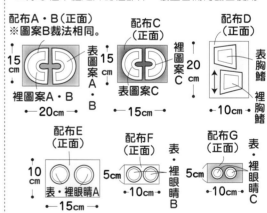

配布A・B（正面）
※圖案B裁法相同。
15cm
裡圖案A・B
表圖案A・B
20cm

配布C（正面）
15cm
裡圖案C
表圖案C
15cm

配布D（正面）
20cm
表胸鰭
裡胸鰭
10cm

配布E（正面）
10cm
表・裡眼睛A
15cm

配布F（正面）
5cm
表・裡眼睛B
10cm

配布G（正面）
5cm
表・裡眼睛C
10cm

---

1. 製作胸鰭＆圖案A至C

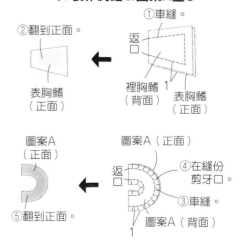

①車縫。
②翻到正面。
返口
表胸鰭（正面）
裡胸鰭（背面）
1
表胸鰭（正面）

圖案A（正面）
返口
④在縫份剪牙口。
③車縫。
⑤翻到正面。
圖案A（背面）
1

※圖案B・C作法亦同。

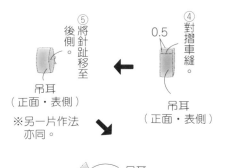

⑤將針趾移至後側。

0.5
④對摺車縫。

吊耳（正面・表側）

吊耳（正面・表側）

※另一片作法亦同。

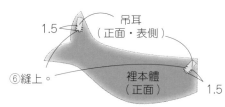

1.5
吊耳（正面・表側）

⑥縫上。

裡本體（正面）

1.5

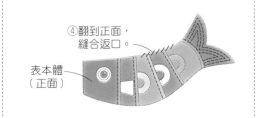

④翻到正面，縫合返口。

表本體（正面）

5. 縫上吊耳

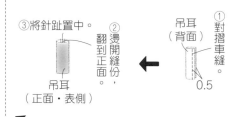

③將針趾置中。

②燙開縫份，翻到正面。

①對摺車縫。

吊耳（背面）

吊耳（正面・表側）

0.5

4. 疊合表本體&裡本體

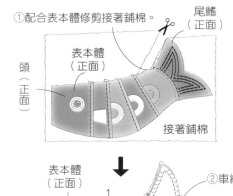

①配合表本體修剪接著鋪棉。

尾鰭（正面）

表本體（正面）

頭（正面）

接著鋪棉

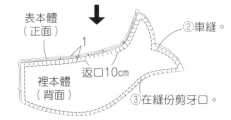

表本體（正面）

②車縫。

1

返口10cm

裡本體（背面）

③在縫份剪牙口。

完成尺寸	材料	
寬34.5×長37cm （提把53cm） **原寸紙型** 無	表布 70cm×70cm 1片 裡布（牛津布）75cm×80cm 接著襯 75cm×80cm 皮革條 寬1cm 140cm／雞眼釦 內徑1cm 4組	**P.61_ No.66** **扁平肩背包**

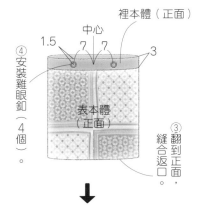

④安裝雞眼釦（4個）。

裡本體（正面）

中心

1.5
7　7
3

表本體（正面）

③翻到正面，縫合返口。

3.5　0.7
2

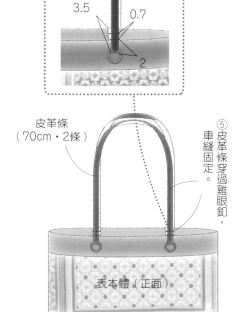

皮革條（70cm・2條）

⑤皮革條穿過雞眼釦，車縫固定。

表本體（正面）

2. 製作裡本體

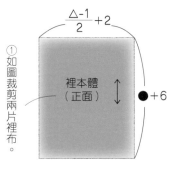

$\dfrac{\triangle-1}{2}+2$

①如圖裁剪兩片裡布。

裡本體（正面）

●+6

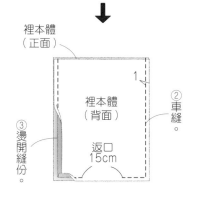

裡本體（正面）

②車縫。

③燙開縫份。

裡本體（背面）

返口15cm

1

3. 套疊表本體&裡本體

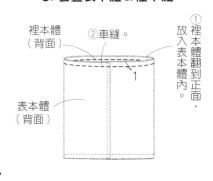

裡本體（背面）

②車縫。

①裡本體翻到正面，放入表本體內。

表本體（背面）

1

1. 製作表本體

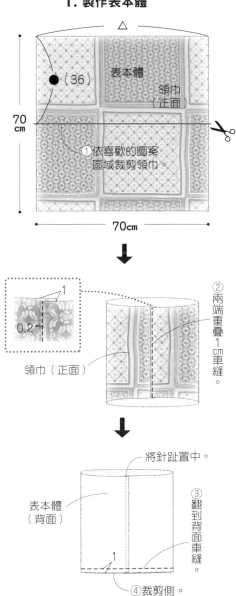

△

(36)

表本體

領巾（正面）

70cm

①依喜歡的圖案區域裁剪領巾。

70cm

0.2
1
領巾（正面）

②兩端重疊1cm車縫。

將針趾置中。

表本體（背面）

③翻到背面車縫。

④裁剪側。

1

完成尺寸
寬43×長33×側身6cm
（提把63cm）

原寸紙型
D面

材料
表布（Tana Lawn）110cm×50cm
配布（亞麻布）75cm×20cm／裡布（亞麻布）110cm×100cm
接著襯（AM-W3）110cm×50cm
竹提把 10.5cm 1組

表口布
（正面）

表本體
（正面）

⑨縫法與⑥相同。

⑩縫份倒向表口布側，翻到正面，

內口袋
（正面）

0.2

裡本體
（正面）

⑪車縫。

※另一組作法亦同。

4. 疊合表本體＆裡本體

表本體
（正面）

1　1

止縫點　止縫點

表本體
（背面）

③車縫

①穿入竹提把。

②各自正面相對。表本體＆裡本體

④燙開縫份。

止縫點

裡本體
（背面）

返口
10
cm

1　1

⑤對齊脇邊線＆底中心線車縫。
※共車縫4處。

⑥表本體＆裡本體正面相對

⑦車縫至3.-⑥的針趾。

⑧對齊表本體＆裡本體的側身車縫固定。

0.5

止縫點

裡本體
（背面）

止縫點

1

⑩連同提把一起車縫。

表提把
（正面）

⑪手縫固定竹提把下側。

0.2　0.2

表口布
（正面）

止縫點　止縫點

表本體
（正面）

⑨翻到正面，縫合返口。

對齊中心。
0.5

⑧暫時車縫固定

內口袋
（正面）

裡本體（正面）

2. 接縫提把

裡提把（正面）

1.5

表提把（背面）

①車縫。

③車縫。

0.2

3

0.2

表提把
（正面）

②翻到正面，摺至3cm寬。

④暫時車縫固定。

0.5　0.5

表本體
（正面）

裡提把
（正面）

※另一條作法亦同。

3. 接縫口布

①Z字車縫。

1

裡口布（背面）

③剪牙口

②車縫。

表口布（正面）

⑤車縫。

0.2

④翻到正面。

裡口布（正面）　0.2

表口布（背面）

⑥車縫。　1

表口布（背面）

裡口布（正面）

表本體（正面）

表提把
（正面）

表口布
（正面）

⑦翻到正面，倒向表本體側，縫份

⑧車縫。

0.2

表本體
（正面）

※另一組作法亦同。

※表・裡提把＆內口袋無原寸紙型，請依標示尺寸（已含縫份）直接裁剪。
※▨▨▨處需於背面燙貼接著襯。

裡提把　6
裡提把　6　表布（正面）
34

表本體

50
cm

摺雙

110cm

配布
（正面）

表提把　6
表提把　6

34

20
cm

摺雙

75cm

內口袋
（1片）

裡布
（正面）

34

26

摺雙

裡口布

表口布

裡本體

100
cm

110cm

1. 縫上口袋

①依1cm→1cm寬度三摺邊車縫。

0.8

1
1

③車縫。

內口袋
（正面）

④僅修剪上面的一片

4

1.5

0.5　1

②摺疊。

⑤依0.7cm→0.7cm寬度三摺邊。

0.7

內口袋
（正面）

⑥車縫。　0.1

0.7

完成尺寸	材料	P.60_ No.**64**

完成尺寸
胸圍112cm
總長76.5cm

原寸紙型
B面

材料
表布（領巾）79cm×79cm 1片
配布（棉喬其布）110cm×90cm
已燙縫份滾邊條 寬1.2cm 75cm
※由於除了領口之外無其他開口，為了方便穿脫，配布請使用具
伸縮性的布料。

P.60_ No.64 領巾套頭衫

4. 車縫袖襱
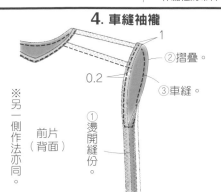
① 摺疊。
0.2
③ 車縫。
① 燙開縫份。
前片（背面）
※另一側作法亦同。

5. 車縫下襬線
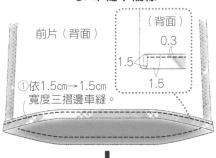
前片（背面）
（背面）
0.3
1.5
1.5
① 依1.5cm→1.5cm 寬度三摺邊車縫。

前片（正面）
② 翻到正面。

裁布圖
90cm
過肩
過肩
※紙型翻面使用。
配布（正面）
後片
※紙型翻面使用。
110cm
79cm
表布（正面）
前片
摺雙
79cm

3. 車縫領圍
內摺1cm，再重疊1cm。
肩線
後片（正面）
0.5
① 車縫。
滾邊條（背面）
前片（正面）

後片（背面）
② 翻到正面。
滾邊條（正面）
③ 車縫。
前片（背面）
0.1（背面）

1. 接縫過肩
※另一側作法亦同。
後片（背面）
② 兩片一起Z字車縫。
過肩（背面）
① 車縫。
③ 縫份倒向過肩側。
前片（背面）

2. 車縫脇邊線
後片（背面）
① Z字車縫。
止縫點
② 車縫。
前片（背面）
※另一側作法亦同。
1

完成尺寸	材料	P.09_ No.**12**

完成尺寸
寬28×長14cm

原寸紙型
A面

材料
表布（牛津布）60cm×20cm

P.09_ No.12 藍天白雲餐墊

1. 製作本體
③ 翻到正面。
② 在弧邊處的縫份剪牙口。
表本體（正面）
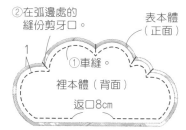
① 車縫。
裡本體（背面）
返口8cm
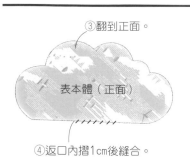
表本體（正面）
④ 返口內摺1cm後縫合。

裁布圖
表布（正面）
20cm
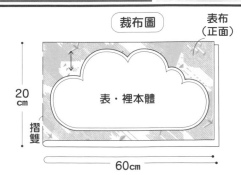
表・裡本體
摺雙
60cm

113

SEE YOU
NEXT
EDITION!

雅書堂　　　　　　搜尋
www.elegantbooks.com.tw

Cotton friend 手作誌
Spring Edition
2022 vol.56

賞春宴，印花布手作派對！
換上令人雀躍心喜的色彩＆花樣，製作趣味玩心的日常布包。

授權	BOUTIQUE-SHA
譯者	周欣芃・瞿中蓮
社長	詹慶和
執行編輯	陳姿伶
編輯	蔡毓玲・劉蕙寧・黃璟安
美術編輯	陳麗娜・周盈汝・韓欣恬
內頁排版	陳麗娜・造極彩色印刷
出版者	雅書堂文化事業有限公司
發行者	雅書堂文化事業有限公司
郵政劃撥帳號	18225950
郵政劃撥戶名	雅書堂文化事業有限公司
地址	新北市板橋區板新路 206 號 3 樓
網址	www.elegantbooks.com.tw
電子郵件	elegant.books@msa.hinet.net
電話	(02)8952-4078
傳真	(02)8952-4084

2022 年 4 月初版一刷　定價／ 420 元（手作誌 56 ＋別冊）

COTTON FRIEND (2022 Spring issue)
Copyright © BOUTIQUE-SHA 2022 Printed in Japan
All rights reserved.
Original Japanese edition published in Japan by BOUTIQUE-SHA.
Chinese (in complex character) translation rights arranged with
BOUTIQUE-SHA
through KEIO CULTURAL ENTERPRISE CO., LTD.

經銷／易可數位行銷股份有限公司
地址／新北市新店區寶橋路 235 巷 6 弄 3 號 5 樓
電話／ (02)8911-0825
傳真／ (02)8911-0801

國家圖書館出版品預行編目 (CIP) 資料

賞春宴，印花布手作派對！：換上令人雀躍心喜的色彩＆花樣，製作趣味玩心的日常布包。/BOUTIQUE-SHA 授權；周欣芃，瞿中蓮譯 . -- 初版 . -- 新北市：雅書堂文化事業有限公司，2022.04
　　面；　公分 . -- (Cotton friend 手作誌；56)
ISBN 978-986-302-625-9(平裝)

1.CST: 手提袋 2.CST: 手工藝

426.7　　　　　　　　　　　111004429

STAFF	日文原書製作團隊
編輯長	根本さやか
編輯	渡辺千帆里　川島順子　濱口亜沙子
編輯協力	浅沼かおり
攝影	回里純子　腰塚良彦　藤田律子　白井由香里
造型	西森 萌
妝髮	櫻井優子
視覺＆排版	みうらしゅう子　牧 陽子　松木真由美　和田充美
繪圖	爲季法子　三島恵子　高田翔子　飯沼千晶 星野喜久代　並木 愛　中村有里
謄寫	長浜恭子
紙型製作	山科文子
校對	澤井清絵